Einstellungstest
Mechatroniker / Mechatronikerin

Kurt Guth
Marcus Mery

Einstellungstest Mechatroniker / Mechatronikerin

Fit für den Eignungstest im Auswahlverfahren

AUSBILDUNGS Park

Kurt Guth • Marcus Mery
Einstellungstest
Mechatroniker / Mechatronikerin
Fit für den Eignungstest im Auswahlverfahren | Allgemeinwissen, Mathe, Deutsch, Technik, Logik, räumliches Denken und mehr | Über 800 Aufgaben mit allen Lösungswegen

Ausgabe 2026

2. Auflage

Gestaltung: bitpublishing / s.b. design
Lektorat: Andreas Mohr

Bildnachweis:
Archiv des Verlages
Umschlagfoto: Monkey Business – adobe.com
S. 15 (Ganesha): https://commons.wikimedia.org/wiki/File:Ganpati_High_Resolution_Frame_Image.jpg; Sachinbatwal; CC BY-SA 4.0 (https://creativecommons .org/licenses/by-sa/4.0/legalcode); Original entfärbt, beschnitten
S. 20 (Mahatma Gandhi): Public Domain

Bibliografische Information der Deutschen Nationalbibliothek –
Die Deutsche Nationalbibliothek verzeichnet diese Publikation in der Deutschen Nationalbibliografie; detaillierte bibliografische Daten sind im Internet über http://dnb.dnb.de abrufbar.

Gedruckt auf chlorfrei gebleichtem Papier

Bettinastraße 69, 63067 Offenbach am Main
Printed in Germany

Satz: bitpublishing, Schwalbach
Druck: mediaprint solutions, Paderborn

ISBN 978-3-95624-105-5

1615 – AP EME – 5I15

Inhaltsverzeichnis

Vorwort

Mechaniker, Elektroniker, Fachleute für Digitaltechnik – Mechatroniker sind alles in einem. Ihr Know-how ist in vielen Bereichen gefragt, vom Maschinenbau bis zum Handwerksbetrieb. Denn alle möglichen Geräte und Anlagen funktionieren heute „mechatronisch“: seien es Windräder, Waschmaschinen, Industrieroboter, medizinische Apparate oder Kommunikationssysteme.

Technische Systeme werden zunehmend komplexer, und immer häufiger kommen Digitalkomponenten zum Einsatz. Entsprechend gut sind die Karriereperspektiven für Mechatroniker. Ob man das nötige Rüstzeug für den Beruf mitbringt, untersuchen die Betriebe häufig mithilfe spezieller Eignungs- und Einstellungstests.

Was bringt Ihnen dieses Buch?

Mit diesem Buch haben Sie alles zur Hand, was Sie brauchen, um sich auf computergesteuerte und schriftliche Tests im Auswahlverfahren für Mechatroniker vorzubereiten. Sie lernen klassische und ungewöhnliche Aufgabentypen kennen, erfahren die besten Lösungsstrategien und machen sich mit der Prüfungssituation vertraut.

Auf den folgenden Seiten finden Sie eine Fülle typischer Aufgaben aus allen wichtigen Testbereichen: Allgemeinwissen, fachbezogenes Wissen, technisches Verständnis, Sprachbeherrschung, Mathematik, Logik, visuelles Denkvermögen, Konzentration und Merkfähigkeit. Der Lösungsteil am Schluss jedes Kapitels liefert nicht nur die richtigen Antworten, sondern erklärt auch die Lösungswege kompakt und verständlich. Dazu erhalten Sie Tipps und Tricks, um knifflige Aufgaben geschickt zu „knacken“.

Eine grobe Richtschnur zur Einordnung Ihrer Ergebnisse: 50–60 % richtig gelöste Aufgaben können als ausreichend gelten, 60–70 % als befriedigend, 70–85 % als gut und höhere Werte als hervorragend – erfahrungsgemäß schafft das allerdings kaum jemand.

Wir wünschen Ihnen viel Erfolg!

Ihr Ausbildungspark-Team

Kontakt

Ausbildungspark Verlag GmbH
Kundenbetreuung
Bettinastraße 69
63067 Offenbach am Main

Telefon +49 (69) 40 56 49 73
Telefax +49 (69) 43 05 86 02
kontakt@ausbildungspark.com
www.ausbildungspark.com

10 Tipps für den Testerfolg

▶ **1. Gut vorbereiten.**
Beginnen Sie rechtzeitig mit der Vorbereitung, portionieren Sie den Lernstoff in kleine Einheiten, planen Sie Pausenzeiten ein. Wer sich in den letzten Tagen vor dem Test zu viel zumutet, läuft Gefahr, das Gelernte weder zu verstehen noch zu behalten.

▶ **2. Informieren.**
Fragen Sie frühzeitig nach: Welche Hilfsmittel (z. B. Taschenrechner) dürfen Sie benutzen? Welche Materialien (z. B. Stift, Papier, Lineal) müssen Sie mitbringen, welche werden Ihnen gestellt?

▶ **3. Entspannungshilfen finden.**
Eignen Sie sich Entspannungstechniken an, zum Beispiel Atemübungen oder autogenes Training. Am Prüfungstag lassen sich Denkblockaden damit leichter überwinden.

▶ **4. Aufgeräumt ankommen.**
Erscheinen Sie ausgeschlafen und pünktlich, achten Sie auf Ihren äußeren Eindruck – die Prüfer tun es auch. Und vergessen Sie das Frühstück nicht: Wer mit nüchternem Magen in die Prüfung startet, baut schneller ab und ist weniger leistungsfähig.

▶ **5. Lieber einmal mehr fragen.**
Nutzen Sie die Möglichkeit, den Testleitern Fragen zu stellen, um Unklarheiten auszuräumen.

▶ **6. Aufgabenstellungen aufmerksam lesen.**
Studieren Sie die Fragen und Bearbeitungshinweise sorgfältig. Manchmal sind kleine Finten eingebaut, die den unkonzentrierten Teilnehmer entlarven.

▶ **7. Zügig arbeiten.**
Behalten Sie die Uhr im Auge und teilen Sie sich Ihre Zeit gut ein. Oft steigt das Schwierigkeitsniveau innerhalb einer Aufgabenkategorie zum Ende hin an. Eventuell hilft es, zuerst in jeder Kategorie die einfachen

Aufgaben zu lösen. Planen Sie etwas Zeit ein, um Ihre Antworten auf Flüchtigkeitsfehler und andere kleine Patzer zu kontrollieren.

- **8. Nicht verrückt machen lassen.**
  Der Test ist in der vorgegebenen Zeit beim besten Willen nicht zu schaffen? Dieser Eindruck kann völlig richtig sein. Viele Prüfungen sind so konzipiert, dass kaum jemand im vorgegebenen Zeitrahmen alle Aufgaben korrekt lösen kann. So wird zugleich das Arbeitsverhalten unter Druck getestet.

- **9. Nicht festbeißen.**
  Anstatt minutenlang an einer Aufgabe zu verzweifeln, gehen Sie lieber zur nächsten über. Mit den übersprungenen Fragen können Sie sich – angefangen bei der leichtesten – später noch beschäftigen. So manch kniffliger Fall entpuppt sich als leichte Übung, wenn die erste Anspannung überwunden ist.

- **10. Zur Not einfach raten.**
  Die schlechteste Antwort ist meistens keine Antwort: Falsche Lösungen werden nur selten mit Punktabzügen bestraft. Bei Multiple-Choice-Aufgaben mit mehreren Antwortvorschlägen lässt sich das richtige Ergebnis einkreisen, indem man die falschen Lösungen eine nach der anderen aussortiert.

Allgemeinwissen

Politik und Gesellschaft

Bearbeitungszeit 5 Minuten

Beantworten Sie bitte die folgenden Aufgaben, indem Sie jeweils den richtigen Lösungsbuchstaben markieren.

1) Der Ausdruck „GroKo" steht für ...?

A. eine bestimmte Parteienkonstellation in der Regierung.
B. eine mit absoluter Mehrheit regierende Partei.
C. die Partnerschaft der Schwesterparteien CDU und CSU.
D. eine Vereinbarung aller im Bundestag vertretenen Parteien.
E. Keine Antwort ist richtig.

2) Das Bundesverfassungsgericht ...?

A. prüft alle Bundesgesetze vor ihrer Verabschiedung.
B. prüft, ob Gesetze mit dem Grundgesetz in Einklang stehen.
C. formuliert die Bundesgesetze zusammen mit der Bundesregierung.
D. hat seinen Amtssitz in München.
E. Keine Antwort ist richtig.

3) Von wem wird der Bundestag gewählt?

A. Bundesrat
B. Volk
C. Bundesversammlung
D. Bundesminister
E. Keine Antwort ist richtig.

4) Welches Land ist kein Mitglied der Europäischen Union?

A. Schweden
B. Rumänien
C. Portugal
D. Albanien
E. Keine Antwort ist richtig.

5) Wer war kein deutscher Bundeskanzler?

A. Gerhard Schröder
B. Theodor Heuss
C. Willy Brandt
D. Helmut Kohl
E. Keine Antwort ist richtig.

6) Für welche Herrschaftsform steht der französische König Ludwig XIV.?

A. Feudalismus
B. Theokratie
C. Technokratie
D. Absolutismus
E. Keine Antwort ist richtig.

7) Wer debattiert und verabschiedet den Bundeshaushalt in Deutschland?

A. Bundesversammlung
B. Bundestag
C. Bundesrat
D. Bundesminister
E. Keine Antwort ist richtig.

8) Wer bestimmt in Deutschland die Minister und die Richtlinien der Politik?

A. Der Bundeskanzler
B. Der Bundespräsident
C. Der Bundestag
D. Der Bundesrat
E. Keine Antwort ist richtig.

9) Zu welchem Staat gehört diese Flagge?

A. Nordkorea
B. Laos
C. Japan
D. Südkorea
E. Keine Antwort ist richtig.

10) Wie hoch waren die im Bundeshaushalt 2025 vorgesehenen Ausgaben ungefähr?

A. 408 Milliarden Euro
B. 350 Milliarden Euro
C. 503 Milliarden Euro
D. 600 Milliarden Euro
E. Keine Antwort ist richtig.

Wirtschaft und Finanzen

Bearbeitungszeit 5 Minuten

Beantworten Sie bitte die folgenden Aufgaben, indem Sie jeweils den richtigen Lösungsbuchstaben markieren.

11) Welcher Begriff bezeichnet die Differenz von Soll und Haben?

A. Skonto
B. Saldo
C. Storno
D. Giro
E. Keine Antwort ist richtig.

12) Welche Aussage trifft für einen Markenartikel zu?

A. Die Qualität der Ware ist bei diesen Artikeln immer sehr hochwertig.
B. Die Ware gibt es nur in einer limitierten Auflage.
C. Die Ware wird mit einem Firmen- oder Warenzeichen gekennzeichnet.
D. Der Preis bleibt bei diesen Artikeln immer konstant.
E. Keine Antwort ist richtig.

13) Die Verfügbarkeit über genügend Zahlungsmittel in einem Unternehmen nennt man ...?

A. Vermögen.
B. Kapital.
C. Geld.
D. Liquidität.
E. Keine Antwort ist richtig.

14) Was bedeutet „DAX"?

A. Deutscher Aktienhandel
B. Deutsche Aufsicht für Indizes
C. Deutsche Agentur für Indizes
D. Deutscher Aktienindex
E. Keine Antwort ist richtig.

15) Welches ist die Währung der Schweiz?

A. Euro
B. Schilling
C. Franken
D. Krone
E. Keine Antwort ist richtig.

16) Was bedeutet der Begriff „Tarifautonomie"?

A. Die Tarifvertragsparteien können Löhne und Gehälter frei vereinbaren.
B. Die Belegschaft darf Löhne und Gehälter frei bestimmen.
C. Die Arbeitgeberverbände können Löhne und Gehälter festlegen.
D. Die Gewerkschaften entscheiden frei über Löhne und Gehälter.
E. Keine Antwort ist richtig.

17) In welchen Zeitraum fiel das „deutsche Wirtschaftswunder"?

A. 1890er/1900er-Jahre
B. 1920er/1930er-Jahre
C. 1950er/1960er-Jahre
D. 1970er/1980er-Jahre
E. Keine Antwort ist richtig.

18) Die „schwarze Null" meint umgangssprachlich …?

A. staatliche Schuldenfreiheit.
B. einen ausgeglichenen Staatshaushalt.
C. durch Steuerhinterziehung ausgefallene Steuereinnahmen.
D. einen Leitzins von 0 %.
E. Keine Antwort ist richtig.

19) Was versteht man unter dem Begriff „Boom" im wirtschaftlichen Zusammenhang?

A. Konjunkturabschwächung
B. Konjunkturrückgang
C. Hochkonjunktur
D. Konjunkturabschwung
E. Keine Antwort ist richtig.

20) Welche Aussage zu Angebot und Nachfrage in einer Marktwirtschaft ist falsch?

A. Verkaufspreise werden in der Marktwirtschaft durch den Mechanismus von Angebot und Nachfrage bestimmt.
B. Bei einem Angebotsüberhang ist das Angebot größer als die Nachfrage.
C. Bei einem Nachfrageüberhang ist die Nachfrage kleiner als das Angebot.
D. Bei einem Nachfrageüberhang ist die Nachfrage größer als das Angebot.
E. Keine Antwort ist richtig.

Interkulturelles Wissen

Bearbeitungszeit 5 Minuten

Beantworten Sie bitte die folgenden Aufgaben, indem Sie jeweils den richtigen Lösungsbuchstaben markieren.

21) Die Paella ist ...?

A. das portugiesische Parlament.
B. ein französisches Gebirge.
C. ein spanisches Nationalgericht.
D. ein belgisches Volksfest.
E. Keine Antwort ist richtig.

22) Wie heißt diese hinduistische Gottheit?

A. Buddha
B. Ganesha
C. Zarathustra
D. Shiva
E. Keine Antwort ist richtig.

23) Großbritannien, Schweden, Spanien und Japan sind ...?

A. Mitglieder der NATO.
B. Einparteiensysteme.
C. konstitutionelle Monarchien.
D. ständige Mitglieder des UN-Sicherheitsrats.
E. Keine Antwort ist richtig.

24) Das Wort „Wodka" stammt aus dem Slawischen und bedeutet übersetzt ...?

A. Wässerchen.
B. Schnaps.
C. Schluck.
D. Alkohol.
E. Keine Antwort ist richtig.

25) „Freiheit, Gleichheit, Brüderlichkeit" ist der Wahlspruch ...?

A. Österreichs.
B. Schwedens.
C. Frankreichs.
D. Russlands.
E. Keine Antwort ist richtig.

26) Wer ist der Gründer der modernen Türkei?

A. Osman I.
B. Orhan Pamuk
C. Recep Tayyip Erdoğan
D. Mustafa Kemal Atatürk
E. Keine Antwort ist richtig.

27) Der legendäre Schweizer Nationalheld Wilhelm Tell …?

A. erfand die Kuckucksuhr.
B. bestieg die 10 höchsten Schweizer Berge in einer Woche.
C. schoss mit seiner Armbrust auf einen Apfel.
D. formulierte das Reinheitsgebot für Almkäse.
E. Keine Antwort ist richtig.

28) Welche Religion hat keine „Gurus"?

A. Hinduismus
B. Sikhismus
C. Buddhismus
D. Islam
E. Keine Antwort ist richtig.

29) Welche tragische Figur der griechischen Mythologie tötet seinen Vater und heiratet seine Mutter?

A. Herakles
B. Zeus
C. Homer
D. Ödipus
E. Keine Antwort ist richtig.

30) Wer oder was ist ein/e Burka?

A. Ein hoher jüdischer Feiertag
B. Ein Ganzkörperschleier muslimischer Frauen
C. Eine Kopfbedeckung orthodoxer Christen
D. Ein buddhistischer Religionsgelehrter
E. Keine Antwort ist richtig.

Geografie

Bearbeitungszeit 5 Minuten

Beantworten Sie bitte die folgenden Aufgaben, indem Sie jeweils den richtigen Lösungsbuchstaben markieren.

31) Wie heißt die Landeshauptstadt von Bayern?

A. Nürnberg
B. Würzburg
C. Aschaffenburg
D. München
E. Keine Antwort ist richtig.

32) In welcher Klimazone liegt Deutschland?

A. Subtropen
B. Kalte Zone
C. Subpolare Zone
D. Gemäßigte Breiten
E. Keine Antwort ist richtig.

33) An welchem Fluss liegt die Stadt Bremen?

A. Elbe
B. Rhein
C. Weser
D. Spree
E. Keine Antwort ist richtig.

34) In welchem Bundesland liegt der Großteil des Taunus?

A. Bayern
B. Nordrhein-Westfalen
C. Hessen
D. Baden-Württemberg
E. Keine Antwort ist richtig.

35) Wie heißt die Hauptstadt von Rumänien?

A. Banat
B. Budapest
C. Bukarest
D. Sofia
E. Keine Antwort ist richtig.

36) Welche Stadt gehört nicht zum Ruhrgebiet?

A. Dortmund
B. Gelsenkirchen
C. Mönchengladbach
D. Duisburg
E. Keine Antwort ist richtig.

37) Wie heißt der wohl längste Fluss der Erde?

A. Mississippi
B. Jangtsekiang
C. Amazonas
D. Wolga
E. Keine Antwort ist richtig.

38) In welchem Ozean liegt Japan?

A. Atlantischer Ozean
B. Indischer Ozean
C. Pazifischer Ozean
D. Südpolarmeer
E. Keine Antwort ist richtig.

39) Welches Land grenzt nicht ans Schwarze Meer?

A. Rumänien
B. Griechenland
C. Bulgarien
D. Türkei
E. Keine Antwort ist richtig.

40) Wo befindet sich das Rote Meer?

A. Südafrika
B. Indien
C. Zwischen Afrika und Asien
D. Südamerika
E. Keine Antwort ist richtig.

Persönlichkeiten, Erfindungen, Entdeckungen

Bearbeitungszeit 5 Minuten

Beantworten Sie bitte die folgenden Aufgaben, indem Sie jeweils den richtigen Lösungsbuchstaben markieren.

41) Wer gilt als Erfinder des Buchdrucks in Deutschland?

A. Martin Keppler
B. Albrecht Dürer
C. Martin Luther
D. Johannes Gutenberg
E. Keine Antwort ist richtig.

42) Die Schweizergarde beschützt ...?

A. den Präsidenten der Schweiz in Bern.
B. das Karl-May-Museum in der Sächsischen Schweiz.
C. den Papst im Vatikan.
D. die Staatsgrenze der Schweiz zu Liechtenstein.
E. Keine Antwort ist richtig.

43) Politikreformen unter den Schlagworten „Glasnost" und „Perestroika" initiierte welcher sowjetische Politiker?

A. Leonid Breschnew
B. Georgij Abrassimow
C. Michail Gorbatschow
D. Andrej Tschernenko
E. Keine Antwort ist richtig.

44) Wer begründete die moderne Evolutionstheorie?

A. Gregor Mendel
B. Jean-Baptiste de Lamarck
C. Francis Crick
D. Charles Robert Darwin
E. Keine Antwort ist richtig.

45) Wer stellte die Relativitätstheorie auf?

A. Max Born
B. Albert Einstein
C. Wolfgang Pauli
D. Niels Bohr
E. Keine Antwort ist richtig.

46) Rudolf Augstein war Gründer und Herausgeber ...?

A. der „Süddeutschen Zeitung".
B. des Wochenmagazins „Die Zeit".
C. des Nachrichtenmagazins „Der Spiegel".
D. der „Frankfurter Allgemeinen Zeitung".
E. Keine Antwort ist richtig.

47) Wie heißt diese Person?

A. Fidel Castro
B. Mahatma Gandhi
C. Muhammad Ali
D. Salman Rushdie
E. Keine Antwort ist richtig.

48) Wer gilt als Begründer der modernen Elektrotechnik?

A. Robert Bosch
B. Werner von Siemens
C. Carl Lorenz
D. Frederik Philips
E. Keine Antwort ist richtig.

49) Wer war Leonardo da Vinci?

A. Der Gründer der Republik Italien
B. Einer der Architekten des Petersdoms in Rom
C. Der Entdecker von Australien und Neuseeland
D. Ein Künstler, Forscher und Erfinder zur Zeit der Renaissance
E. Keine Antwort ist richtig.

50) „Das Kommunistische Manifest" verfassten Karl Marx und ...?

A. Friedrich Engels.
B. Rosa Luxemburg.
C. Louis-Auguste Blanqui.
D. Wladimir Iljitsch Lenin.
E. Keine Antwort ist richtig.

Physik und Technik

Bearbeitungszeit 5 Minuten

Beantworten Sie bitte die folgenden Aufgaben, indem Sie jeweils den richtigen Lösungsbuchstaben markieren.

51) Wie nennt man die Pole eines Magneten?

A. Kathode und Anode
B. Dipol
C. Plus- und Minuspol
D. Nord- und Südpol
E. Keine Antwort ist richtig.

52) Gravitation ist …?

A. die gegenseitige Abstoßung von Massen.
B. die Trägheit von Massen.
C. die gegenseitige Anziehung von Massen.
D. die Fallbeschleunigung von Massen.
E. Keine Antwort ist richtig.

53) Photovoltaische Anlagen erzeugen …?

A. aus Strom Licht.
B. aus Licht Strom.
C. aus Wärme Energie.
D. aus Energie Wärme.
E. Keine Antwort ist richtig.

54) Welches Gerät misst unter anderem die Stärke von Erdbeben?

A. Tomograf
B. Barometer
C. Seismograf
D. Hygrometer
E. Keine Antwort ist richtig.

55) Welche Art von Turbine gibt es nicht?

A. Gasturbine
B. Wasserturbine
C. Dampfturbine
D. Sandturbine
E. Keine Antwort ist richtig.

56) Welche Geschwindigkeit hat das Licht?

A. 300.000 km/h
B. 300.000 km/s
C. 300.000 m/h
D. 300.000 m/s
E. Keine Antwort ist richtig.

57) Welche Aussage zum Schall ist falsch?

A. Schall wird in Dezibel gemessen.

B. Schall kann als physikalischer Vorgang von Schwingungen gedeutet werden.

C. Schall pflanzt sich langsamer fort als Licht.

D. Schall ist bei kaltem Wetter schneller als bei warmem.

E. Keine Antwort ist richtig.

58) Welche Maßeinheit dient nicht zum Messen von Temperaturen?

A. Fahrenheit

B. Kelvin

C. Celsius

D. Tesla

E. Keine Antwort ist richtig.

59) Wenn ein Körper nicht beschleunigt wird, dann …?

A. bewegt er sich mit Sicherheit nicht.

B. verliert er mit Sicherheit an Energie.

C. behält er seine Geschwindigkeit mit Sicherheit bei.

D. besitzt er mit Sicherheit keine Masse.

E. Keine Antwort ist richtig.

60) Wie wird in der Physik die Arbeit (W) definiert?

A. Kraft (F) mal Weg (s)

B. Kraft (F) mal Widerstand (R)

C. Weg (s) mal Zeit (t)

D. Geschwindigkeit (v) mal Weg (s)

E. Keine Antwort ist richtig.

Biologie und Chemie

Bearbeitungszeit 5 Minuten

Beantworten Sie bitte die folgenden Aufgaben, indem Sie jeweils den richtigen Lösungsbuchstaben markieren.

61) Woraus wird Benzin gewonnen?

A. Ethanol
B. Gas
C. Mineralien
D. Erdöl
E. Keine Antwort ist richtig.

62) Welche Kulturpflanze wurde nicht aus Amerika nach Europa eingeführt?

A. Tomate
B. Kartoffel
C. Mais
D. Karotte
E. Keine Antwort ist richtig.

63) Wie lautet die chemische Summenformel des Wassermoleküls?

A. H_2O
B. H_2O_2
C. H_3O
D. H_2O_3
E. Keine Antwort ist richtig.

64) Welche Affengattung ist in genetischer Hinsicht der nächste Verwandte des Menschen?

A. Gorilla
B. Pavian
C. Orang-Utan
D. Schimpanse
E. Keine Antwort ist richtig.

65) Welcher Vogel legt seine Eier in fremde Nester?

A. Der Rabe
B. Die Elster
C. Der Kuckuck
D. Der Wanderfalke
E. Keine Antwort ist richtig.

66) Wie heißt die am schnellsten wachsende Pflanze der Welt?

A. Ackerwinde
B. Riesenbambus
C. Sommerflieder
D. Indisches Springkraut
E. Keine Antwort ist richtig.

67) Wie viele Elemente kennt die Chemie?

A. Etwa 80
B. Etwa 90
C. Über 100
D. Unzählige
E. Keine Antwort ist richtig.

68) Welche Aussage über Flüssigkeiten stimmt?

A. Der flüssige Zustand ist unabhängig von Faktoren wie dem äußeren Druck.
B. Der flüssige Zustand ist unabhängig von äußeren Faktoren wie der Temperatur.
C. Der flüssige Zustand hängt auch von äußeren Faktoren wie der Temperatur und dem Druck ab.
D. Der flüssige Zustand ist alleine stoffspezifisch.
E. Keine Antwort ist richtig.

69) Welches Metall schmilzt als erstes?

A. Gold
B. Blei
C. Eisen
D. Silber
E. Keine Antwort ist richtig.

70) Wo leben Pinguine?

A. Antarktis
B. Arktis
C. Grönland
D. Finnland
E. Keine Antwort ist richtig.

Begriffe einsetzen

Bearbeitungszeit 5 Minuten

Welcher Begriff ergänzt den Satz sachlich korrekt?

Bearbeiten Sie bitte die folgenden Aufgaben, indem Sie jeweils den richtigen Lösungsbuchstaben markieren.

71) Eine _____ kann man nur durch 1 und sich selbst teilen.

A. Primzahl
B. Kubikzahl
C. Quadratwurzel
D. Potenz
E. Keine Antwort ist richtig.

72) Die _____ des Menschen ist unantastbar. (Artikel 1, Satz 1 des Grundgesetzes)

A. Freiheit
B. Seele
C. Ehre
D. Würde
E. Keine Antwort ist richtig.

73) Die menschlichen _____ sind in Chromosomen gebündelt.

A. Blutkörperchen
B. Erbinformationen
C. Zellen
D. Nervenbahnen
E. Keine Antwort ist richtig.

74) Eine _____ verbrieft einen Anteil an einer Gesellschaft.

A. Rendite
B. Aktie
C. Subvention
D. Dividende
E. Keine Antwort ist richtig.

75) Alle Tiere haben _____.

A. Nasen
B. Ohren
C. Lungen
D. einen Stoffwechsel
E. Keine Antwort ist richtig.

76) Ohne _____ kann Eisen nicht rosten.

A. Kohlenstoff
B. Stickstoff
C. Sauerstoff
D. Wasserstoff
E. Keine Antwort ist richtig.

77) Im Rahmen des demografischen Wandels steigt hierzulande der Anteil ____ in der Bevölkerung.

A. unverheirateter Menschen
B. konfessionsloser Menschen
C. jüngerer Menschen
D. älterer Menschen
E. Keine Antwort ist richtig.

78) Vitamin D kann der menschliche Körper mithilfe von ____ selbst bilden.

A. Sonnenlicht
B. Mineralwasser
C. sportlicher Betätigung
D. Getreideprodukten
E. Keine Antwort ist richtig.

79) Mit einem ____ misst man die Luftfeuchtigkeit.

A. Nanometer
B. Manometer
C. Hygrometer
D. Thermometer
E. Keine Antwort ist richtig.

80) Eine passive Impfung enthält ____.

A. Gegengift.
B. tote Krankheitserreger.
C. lebende Krankheitserreger.
D. Antikörper.
E. Keine Antwort ist richtig.

Abkürzungen

Bearbeitungszeit 5 Minuten

Beantworten Sie bitte die folgenden Aufgaben, indem Sie jeweils den richtigen Lösungsbuchstaben markieren.

81) Was bedeutet die Abkürzung „www"?

A. World Wide Walking
B. World Wide Watchers
C. World Wide Web
D. World Wide Wireless
E. Keine Antwort ist richtig.

82) Was bedeutet die Abkürzung „p. a."?

A. Per annum
B. Und so weiter
C. Prozent
D. Perfekt angezogen
E. Keine Antwort ist richtig.

83) Was bedeutet die Abkürzung „IWF"?

A. Internationale Wirtschaftsförderung
B. Industrielle Wirtschaftsförderung
C. Internationaler Währungsfonds
D. Internationales Wirtschaftsforum
E. Keine Antwort ist richtig.

84) Wofür steht die Abkürzung „IHK"?

A. Internationale Handelskommission
B. Industrie- und Handelsabkommen
C. Internationale Handelskammer
D. Industrie- und Handelskammer
E. Keine Antwort ist richtig.

85) Was bedeutet die Abkürzung „MEZ"?

A. Muttterersatz
B. Musterbeispiel einzigartiger Zahlungsfähigkeit
C. Ministeriales Erholungszentrum
D. Mitteleuropäische Zeit
E. Keine Antwort ist richtig.

86) Was bedeutet die Abkürzung „ggf."?

A. gut, günstig, fair
B. gegebenenfalls
C. gemeingefährlich
D. geht ganz fix
E. Keine Antwort ist richtig.

87) Die Abkürzung „StVO“ bedeutet …?

A. Straßenverkehrs-Ordnung.
B. stellvertretender Oberbürgermeister.
C. ständiges Verfassungsorgan.
D. Stadtverordnung.
E. Keine Antwort ist richtig.

88) Was bedeutet die Abkürzung „TÜV“?

A. Türkischer Volksbund
B. Technischer Überwachungs-Verein
C. Technischer Übermittlungs-Verband
D. Thüringer Verein
E. Keine Antwort ist richtig.

89) Was bedeutet die Abkürzung „html“?

A. Hypertext Manual Link
B. Hypertext Markup Language
C. High Technical Module
D. High Technical Modus Language
E. Keine Antwort ist richtig.

90) Wofür steht die Abkürzung „KAG“?

A. Kapitalgesellschaft
B. Kapitalanlagegesetz
C. Kapitalgesetz
D. Kapitalanlagegesellschaft
E. Keine Antwort ist richtig.

Lösungen: Allgemeinwissen

1) A
2) B
3) B
4) D
5) B
6) D
7) B
8) A
9) D
10) C
11) B
12) C
13) D
14) D
15) C
16) A
17) C
18) B
19) C
20) C
21) C
22) B
23) C
24) A
25) C
26) D
27) C
28) D
29) D
30) B
31) D
32) D
33) C
34) C
35) C
36) C
37) C
38) C
39) B
40) C
41) D
42) C
43) C
44) D
45) B
46) C
47) B
48) B
49) D
50) A
51) D
52) C
53) B
54) C
55) D
56) B
57) D
58) D
59) C
60) A
61) D
62) D
63) A
64) D
65) C
66) B
67) C
68) C
69) B
70) A
71) A
72) D
73) B
74) B
75) D
76) C
77) D
78) A
79) C
80) D
81) C
82) A
83) C
84) D
85) D
86) B
87) A
88) B
89) B
90) D

Politik und Gesellschaft (Aufgaben 1–10)

Zu 1) A. eine bestimmte Parteienkonstellation in der Regierung.

„GroKo" steht für „Große Koalition", ein Regierungsbündnis der beiden stärksten Parteien im Parlament. In der Praxis handelt es sich dabei meist um CDU/CSU und SPD: Sie regierten auf Bundesebene gemeinsam von 1966 bis 1969, von 2005 bis 2009 und waren zuletzt von 2013 bis 2021 an der Macht. Auf Landesebene gab und gibt es ebenfalls Große Koalitionen.

Zu 2) B. prüft, ob Gesetze mit dem Grundgesetz in Einklang stehen.

Als „Hüter der Verfassung" wacht das Bundesverfassungsgericht über die Einhaltung des Grundgesetzes. Zu seinen Kernaufgaben zählen sogenannte Normenkontrollverfahren: Das Gericht prüft auf Antrag, ob ein Gesetz verfassungsgemäß ist oder nicht. Außerdem ist es unter anderem für Parteiverbotsverfahren zuständig. Der Amtssitz ist Karlsruhe.

Zu 3) B. Volk

Der Deutsche Bundestag, das Parlament der Bundesrepublik Deutschland mit Sitz in Berlin, wird als einziges Verfassungsorgan des Bundes direkt vom Volk gewählt und legitimiert. Die Hälfte der Parlamentssitze besetzen die erfolgreichen Kandidaten aus der Direktwahl in den 299 Wahlkreisen („Direktmandate"). Die andere Hälfte wird so verteilt, wie es dem Anteil einer Partei an der Gesamtzahl der Sitze entspricht, unter Anrechnung der Direktmandate aus den Landeslisten.

Zu 4) D. Albanien

Albanien ist kein Mitglied der Europäischen Union, die aktuell (Stand 2025) folgende 27 Staaten umfasst: Belgien, Bulgarien, Dänemark, Deutschland, Estland, Finnland, Frankreich, Griechenland, Irland, Italien, Kroatien, Lettland, Litauen, Luxemburg, Malta, Niederlande, Österreich, Polen, Portugal, Rumänien, Schweden, Slowakei, Slowenien, Spanien, Tschechien, Ungarn und die Republik Zypern.

Zu 5) B. Theodor Heuss

Willy Brandt (SPD) war Bundeskanzler von 1969 bis 1974, Helmut Kohl (CDU) bekleidete das Amt von 1982 bis 1998, Gerhard Schröder (SPD) regierte von 1998 bis 2005. Der FDP-Politiker Theodor Heuss war von 1949 bis 1959 erster Bundespräsident der Bundesrepublik Deutschland.

Zu 6) D. Absolutismus

Ludwig XIV. (1638–1715) gilt als prominentester Vertreter des höfischen Absolutismus. Kennzeichen dieser Herrschaftsform ist die nahezu grenzenlose Regierungsgewalt eines Monarchen, dessen Machtfülle nicht oder nur unwesentlich durch andere Institutionen beschränkt wird.

Zu 7) B. Bundestag

Der Finanzminister legt jährlich einen Haushaltsentwurf vor, der vom Bundestag ohne Zustimmung des Bundesrates beschlossen wird. Die Debatte über den Haushalt ist traditionell eine Generaldebatte über die Politik der Bundesregierung. Die Opposition nutzt diese Gelegenheit, der Bundesregierung Mängel und Fehler vorzuwerfen und der Öffentlichkeit aufzuzeigen; die Regierung verteidigt sich ihrerseits mit Angriffen auf die Opposition.

Zu 8) A. Der Bundeskanzler

Der Bundespräsident ist zwar das Staatsoberhaupt der Bundesrepublik Deutschland, doch der Bundeskanzler ist faktisch der mächtigste deutsche Politiker: Er bestimmt die Richtlinien der Politik und die Minister, die allerdings vom Bundespräsidenten ernannt werden.

Zu 9) D. Südkorea

Die Abbildung zeigt die Nationalflagge Südkoreas. Der weiße Grund steht für Reinheit und Friedfertigkeit. Der Kreis mit den ineinander ragenden Hälften – eine rot, eine blau – ist ein Symbol der „Eum und Yang"-Philosophie und steht für das Universum mit all seinen Gegensätzen. Die vier schwarzen Trigramme verkörpern unter anderem die Elemente Himmel, Wasser, Feuer und Erde.

Zu 10) C. 503 Milliarden Euro

Der ursprünglich für 2025 beschlossene Bundeshaushalt sah Ausgaben in Höhe von rund 503 Milliarden Euro vor. Die größten Posten: Arbeit und Soziales (190 Mrd. Euro), Verteidigung (62 Mrd. Euro) sowie Allgemeine Finanzverwaltung (47 Mrd. Euro).

Wirtschaft und Finanzen (Aufgaben 11–20)

Zu 11) B. Saldo

Die Differenz von Soll und Haben heißt Saldo. Ein Skonto ist ein Preisnachlass, den ein Käufer erhält, wenn er den Rechnungsbetrag innerhalb einer bestimmten Frist zahlt. „Storno" steht für das Rückgängigmachen einer Kontobuchung oder die Rückabwicklung eines Vertrags. Den Ausdruck „Giro" kennt man unter anderem vom Girokonto – einem Konto, über das der (bargeldlose) Zahlungsverkehr abgewickelt wird.

Zu 12) C. Die Ware wird mit einem Firmen- oder Warenzeichen gekennzeichnet.

Markenartikel sind Produkte einer geschützten Marke, für die ein Warenzeichen eingetragen ist. Über die Qualität der Ware ist damit noch nichts gesagt.

Zu 13) D. Liquidität.

Verfügt ein Unternehmen über ausreichende Zahlungsmittel, um seine Verbindlichkeiten zu begleichen, bezeichnet man es als „liquide". Unterschieden wird zwischen der Barliquidität (Vermögen, das unmittelbar zur Zahlung eingesetzt werden kann), der einzugsbedingten Liquidität (Vermögen, das nicht unmittelbar zur Zahlung eingesetzt werden kann, aber eine kurzfristige Umwandlung ermöglicht wie diskontierbare Wechsel) sowie der umsatzbedingten Liquidität (Vermögen, das erst in Barmittel umgesetzt werden muss, z. B. Produkte und Wirtschaftsgüter).

Zu 14) D. Deutscher Aktienindex

Der Deutsche Aktienindex („DAX" bzw. „Dax") ist ein von der Deutschen Börse berechneter Index, der die Wertentwicklung der Aktien der 40 größten deutschen Unternehmen nach Marktkapitalisierung und Umsatz gewichtet repräsentiert. Der Dax ist das mit Abstand bekannteste Barometer für den deutschen Aktienmarkt. Der Index wurde am 1. Juli 1988 mit einem Startwert von 1.000 Punkten eingeführt, kann allerdings bis in die 1950er-Jahre hinein zurückberechnet werden.

Zu 15) C. Franken

Der Schweizer Franken ist die Währung der Schweiz und des Fürstentums Liechtenstein. Seine ISO-Abkürzung ist „CHF", sein Währungszeichen „SFr".

Zu 16) A. Die Tarifvertragsparteien können Löhne und Gehälter frei vereinbaren.

„Tarifautonomie" bedeutet: Die Tarifvertragsparteien – die Gewerkschaften und Arbeitgeberverbände – können Tarifverträge frei vereinbaren, unabhängig vom Staat. Allerdings müssen sie sich dabei an bestimmte rechtliche Rahmenbedingungen halten.

Zu 17) C. 1950er/1960er-Jahre

Als „Wirtschaftswunder" bezeichnet man das anhaltende Wirtschaftswachstum in der Bundesrepublik

Deutschland nach dem Zweiten Weltkrieg: Das Bruttoinlandsprodukt stieg, die Löhne und Gehälter ebenso, und die Bundesrepublik wurde zu einer führenden Wirtschaftsnation. Ausschlaggebende Faktoren waren die Währungsreform 1948, die Hilfskredite des Marshallplans, die Verfügbarkeit moderner Maschinen und Geräte, die Masse an motivierten Arbeitskräften, vergleichsweise niedrige Produktionskosten und nicht zuletzt die Etablierung der Sozialen Marktwirtschaft unter Ludwig Erhard (Wirtschaftsminister von 1949–1963, Bundeskanzler von 1963–1966).

Zu 18) B. einen ausgeglichenen Staatshaushalt.

Die umgangssprachliche „schwarze Null" steht für einen ausgeglichenen öffentlichen Haushalt: Der Staat kann sämtliche Ausgaben durch seine Einnahmen decken, ohne sich weiter zu verschulden. Über das haushaltspolitische Ziel der „schwarzen Null" gibt es häufig engagierte Debatten – denn um es zu erreichen, sind meist Sparmaßnahmen nötig.

Zu 19) C. Hochkonjunktur

„Boom" bezeichnet eine Phase der Hochkonjunktur. In der Hochkonjunktur herrscht Vollbeschäftigung und die wirtschaftlichen Kapazitäten sind aufgrund von starker Nachfrage voll ausgelastet. Das Lohnniveau, die Preise und die Zinsen steigen. Die Produktion wird so lange erhöht, bis es zu einer Marktüberhitzung kommt, wodurch die Konjunktur einen Abschwung erfährt.

Zu 20) C. Bei einem Nachfrageüberhang ist die Nachfrage kleiner als das Angebot.

Bei einem Nachfrageüberhang gibt es auf einem Markt mehr Käufer als Verkäufer. Umgekehrt spricht man von einem Angebotsüberhang, wenn es mehr Verkäufer als Käufer gibt. Als „Nachfrage" bezeichnet man die Gütermenge, die die Nachfragenden (die Konsumenten) zu einem bestimmten Preis erwerben wollen. Faktoren wie veränderte Lebensumstände, höhere Einkommen oder neue Moden können ein Nachfragewachstum auslösen – somit wird das Angebot (die Waren) knapper und letztlich teurer. Angeregt durch die höheren Preise, werden nun weitere Anbieter in den Markt eintreten oder bestehende Anbieter ihr Angebot ausweiten. In diesem freien Spiel des Marktes bildet sich schließlich ein neues Gleichgewicht mit anderen Preisen und Umsätzen.

Interkulturelles Wissen (Aufgaben 21–30)

Zu 21) C. ein spanisches Nationalgericht.

Die Paella ist ein spanisches Reisgericht, das ursprünglich aus der Region um Valencia stammt und zum Nationalgericht avanciert ist. Die Grundzutat der Paella, der Reis, wird in der Pfanne mit regional unterschiedlichen Zutaten (Fleisch, Fisch, Meeresfrüchte) zubereitet.

Zu 22) B. Ganesha

Der markante Elefantenkopf gehört Ganesha – im Hinduismus angesehen als Gott der Weisheit, Überbringer des Glücks und Beherrscher sämtlicher Hindernisse. Die wohl beliebteste hinduistische Gottheit wird im Buddhismus und Jainismus ebenfalls verehrt und erfreut sich auch außerhalb des indischen Subkontinents großer Bekanntheit.

Zu 23) C. konstitutionelle Monarchien.

Die konstitutionelle Monarchie ist eine Staats- und Regierungsform, in der die Macht eines Monarchen durch eine Verfassung beschränkt und reguliert wird. Weltweit sind gut ein Dutzend Staaten konstitutionell-monarchisch verfasst – darunter Großbritannien, Schweden, Spanien und Japan. Japan ist kein Mitglied der NATO, und nur Großbritannien hat einen ständigen Sitz im UN-Sicherheitsrat inne.

Zu 24) A. Wässerchen.

Wodka ist eine farblose, annähernd geschmacksneutrale Spirituose. Das slawische „vodka“ ist die Verkleinerungsform von „voda“ („Wasser“).

Zu 25) C. Frankreichs.

„Freiheit, Gleichheit, Brüderlichkeit“ (französisch: „Liberté, Égalité, Fraternité“) wurde im Nachhinein zur Parole der Französischen Revolution von 1789 erklärt und nach dem Zweiten Weltkrieg in die Verfassung aufgenommen. Als Teil des nationalen französischen Erbes ist der Wahlspruch heute auf vielen öffentlichen Gebäuden, auf Münzen und Briefmarken zu finden.

Zu 26) D. Mustafa Kemal Atatürk

Die Türkei ging nach dem Ersten Weltkrieg aus dem Osmanischen Reich hervor. Der Staatsgründer Mustafa Kemal Atatürk wollte die Türkei durch zahlreiche gesellschaftliche Reformen nach dem Vorbild europäischer Nationalstaaten modernisieren. Zunächst wurde im Jahre 1922 das Sultanat, 1924 dann das Kalifat beseitigt. Im Folgenden schaffte die Türkei die Scharia ab und verbot in einer umfassenden Kleiderreform den Fez – eine männliche Kopfbedeckung – und den Schleier für die Frau. Zudem wurde die Gemeinschaftserziehung von Jungen und Mädchen eingeführt.

Zu 27) C. schoss mit seiner Armbrust auf einen Apfel.

Wilhelm Tell ist ein sagenhafter Schweizer Nationalheld, der um die Wende vom 13. zum 14. Jahrhundert gelebt haben soll. Der Legende nach befahl ihm ein habsburgischer Landvogt, einen Apfel vom Kopf seines Sohnes zu schießen – was ihm auch gelang. Später ermordete er den Landvogt und beteiligte sich am Kampf der Eidgenossen um die Unabhängigkeit von den Habsburgern. Die Figur des Tell ist in der Schweiz als Symbol der typischen eidgenössischen Eigenständigkeit sehr populär.

Zu 28) D. Islam

Gurus sind spirituelle Lehrer im Hinduismus, im Sikhismus und im tantrischen Buddhismus. Sie unterweisen ihre Schüler in der religiösen Lehre und weihen sie in rituelle Künste wie Tanz oder Gesang ein.

Zu 29) D. Ödipus

Ohne seine Eltern zu kennen, tötet Ödipus in der griechischen Mythologie erst den Vater und heiratet dann seine Mutter – wie es ihm ein Orakel vorhergesagt hatte. In Bezug darauf sprach der Psychoanalytiker Sigmund Freud vom „Ödipus-Komplex", wonach Jungen eine unbewusste sexuelle Zuneigung zur Mutter entwickeln, verbunden mit feindseligen Gefühlen gegen den Vater. Zeus ist der oberste griechische Gott, Herkules ein griechischer Sagenheld und Homer der Autor der antiken Epen „Odyssee" und „Ilias".

Zu 30) B. Ein Ganzkörperschleier muslimischer Frauen

Die Burka ist ein Stofftuch, das den Körper nahezu vollständig verdeckt. Solche Ganzkörperschleier werden von muslimischen Frauen vor allem in Afghanistan, Pakistan und Teilen Indiens getragen. In der hiesigen Öffentlichkeit wird das Tragen der Burka kontrovers diskutiert; Kritiker sehen darin ein Symbol für die Unterdrückung der Frau.

Geografie (Aufgaben 31–40)

Zu 31) D. München

München ist die bevölkerungsreichste Stadt (1,4 Millionen Einwohner) und Landeshauptstadt des Freistaats Bayern. Die Metropole ist eines der wichtigsten Wirtschafts-, Verkehrs- und Kulturzentren der Bundesrepublik und wurde 1158 erstmals urkundlich erwähnt. Auch abseits von Oktoberfest und Fußballspielen lassen sich in München viele Sehenswürdigkeiten besichtigen, z. B. der Englische Garten am Westufer der Isar, der Olympiapark, das Neue Rathaus oder verschiedene Galerien.

Zu 32) D. Gemäßigte Breiten

Deutschland liegt in den gemäßigten Breiten. Diese Klimazone befindet sich zwischen der kalten Zone und den Subtropen und hat nach den Tropen die höchste Niederschlagsmenge. Charakteristisch sind außerdem die deutlichen Temperaturunterschiede zwischen den Jahreszeiten und die unterschiedlich langen Tage.

Zu 33) C. Weser

Die Weser durchfließt die Bundesländer Hessen, Nordrhein-Westfalen, Niedersachsen und die Stadt Bremen, die nach Hamburg zweitgrößte norddeutsche Stadt. Sie bildet mit der Stadt Bremerhaven das Bundesland Freie Hansestadt Bremen, das komplett von niedersächsischem Gebiet umgeben ist.

Zu 34) C. Hessen

Das Mittelgebirge Taunus, Teil des Rheinischen Schiefergebirges, reicht vom östlichen Rheinland-Pfalz nach Südwesthessen hinein. Der Taunus bedeckt eine Fläche von rund 2.700 Quadratkilometern; höchster Gipfel ist der Große Feldberg mit 879 Metern über Normalnull.

Zu 35) C. Bukarest

Die rumänische Hauptstadt Bukarest liegt im Süden des Landes. Die Stadt ist das wirtschaftliche, kulturelle und politische Zentrum Rumäniens und mit knapp zwei Millionen Einwohnern die sechstgrößte Stadt der Europäischen Union. Vor den Veränderungen der Ceauşescu-Ära nannte man die Stadt aufgrund ihrer weltläufigen Atmosphäre und französisch beeinflussten Architektur auch „Paris des Ostens".

Zu 36) C. Mönchengladbach

Dortmund, Gelsenkirchen und Duisburg sind Metropolen des Ruhrgebiets, einem Ballungsraum, der im Wesentlichen aus zahlreichen zusammengewachsenen Großstädten besteht. Der Namensgeber, die Ruhr, ist ein Nebenfluss des Rheins. Mönchengladbach liegt in der Region Niederrhein.

Zu 37) **C.** Amazonas

Um den Titel des längsten Flusses der Erde wetteifern bis heute der Amazonas in Südamerika und der afrikanische Nil. Neueste Messungen sehen den Amazonas mit knapp 7.000 Kilometern vor dem Nil mit 6.852 Kilometern. Unbestritten auf dem dritten Platz liegt der Jangtsekiang in China (6.380 km). Die Wolga ist vergleichsweise kurz (3.350 km).

Zu 38) **C.** Pazifischer Ozean

Japan, der viertgrößte Inselstaat der Welt, liegt im Pazifik vor den Ostküsten Russlands und Koreas. Japan ist eine Inselkette aus vier Hauptinseln und etwa 4.000 kleineren Inseln. Die Hauptstadt Tokio liegt auf der größten Insel Honshu.

Zu 39) **B.** Griechenland

Griechenland liegt am Mittelmeer.

Zu 40) **C.** Zwischen Afrika und Asien

Das Rote Meer befindet sich zwischen Nordost-Afrika und der zu Asien gehörigen Arabischen Halbinsel. Es ist durch eine Meerenge im Süden mit dem Indischen Ozean verbunden und über den Sueskanal mit dem Mittelmeer.

Persönlichkeiten, Erfindungen, Entdeckungen (Aufgaben 41–50)

Zu 41) **D.** Johannes Gutenberg

Johannes Gutenberg lebte etwa von 1400 bis 1468 in Mainz und gilt als Erfinder des mechanischen Buchdrucks mit beweglichen Metall-Lettern: ein Verfahren, das wesentlich effektiver war als die herkömmlichen Praktiken der Buchproduktion. Gutenbergs Methode verbreitete sich schnell in Europa und löste eine Medienrevolution aus.

Zu 42) **C.** den Papst im Vatikan.

Die Schweizergarde ist für den Schutz des Papstes verantwortlich. Sie sichert den apostolischen Palast, die Zugänge zur Vatikanstadt sowie den Eingang des Castel Gandolfo (Sommerresidenz des Papstes). Ausgehoben wurde die Garde 1506 unter eidgenössischen Söldnern; noch heute dürfen in ihr ausschließlich Schweizer Staatsbürger Dienst tun.

Zu 43) C. Michail Gorbatschow

Als Generalsekretär des Zentralkomitees der Kommunistischen Partei der Sowjetunion initiierte Michail Gorbatschow unter den Schlagworten „Glasnost" („Öffnung") und „Perestroika" („Umbau") Mitte der 1980er-Jahre breit angelegte Reformen, um die sowjetische Politik, Wirtschaft und Gesellschaft grundlegend zu modernisieren. Die Reformen konnten den Verfall der Sowjetunion jedoch nicht aufhalten, zum Teil beschleunigten sie ihn sogar. Die UdSSR hörte 1991 auf zu existieren.

Zu 44) D. Charles Robert Darwin

Charles Robert Darwin (1809–1882) gilt wegen seiner Beiträge zur Evolutionstheorie als einer der bedeutendsten Naturwissenschaftler. Inspiriert von den Erkenntnissen einer Forschungsreise auf dem Vermessungsschiff „Beagle" entwarf er 1838 die Theorie der Anpassung an den Lebensraum durch Variation und natürliche Selektion: So erklärte er die evolutionäre Entwicklung aller Organismen und ihre Aufspaltung in verschiedene Arten. In seinem 1859 veröffentlichten Hauptwerk „Die Entstehung der Arten" präsentierte er seine Theorie zum ersten Mal einer breiteren Öffentlichkeit. Seine streng naturwissenschaftliche Erklärung der Artenvielfalt bildet die Grundlage der modernen Evolutionstheorie und markiert den entscheidenden Wendepunkt in der Geschichte der modernen Biologie.

Zu 45) B. Albert Einstein

Die Relativitätstheorie umfasst zwei von Albert Einstein geschaffene physikalische Theorien, die sich mit der Struktur von Raum und Zeit befassen. Die spezielle Relativitätstheorie beschreibt das Verhalten von Raum und Zeit aus der Sicht von Beobachtern, die sich relativ zueinander bewegen, und die damit verbundenen Phänomene. Darauf aufbauend führt die allgemeine Relativitätstheorie die Gravitation auf eine Krümmung von Raum und Zeit zurück, verursacht unter anderem durch die beteiligten Massen.

Zu 46) C. des Nachrichtenmagazins „Der Spiegel".

Rudolf Augstein (1923–2002) war ein deutscher Journalist, Publizist und Verleger. 1946 gründete er als Chefredakteur und Herausgeber das Nachrichtenmagazin „Der Spiegel", die Erstausgabe erschien im Januar 1947. Unter Augsteins Führung wurde das Magazin zu einem Leitmedium der jungen Bundesrepublik. Nach einem kritischen Bericht zu einer

NATO-Militärübung und zur Leistungsfähigkeit der Bundeswehr kam es 1962 zur „Spiegel-Affäre", in deren Verlauf Augstein inhaftiert wurde. In der Folge musste Verteidigungsminister Franz Josef Strauß sein Amt niederlegen.

Zu 47) B. Mahatma Gandhi

Mohandas Karamchand (genannt „Mahatma") Gandhi (1869–1948) engagierte sich seit Beginn des 20. Jahrhunderts für die Unabhängigkeit Indiens von Großbritannien. 1930 initiierte er die Aufsehen erregende „Salzmarsch"-Kampagne gegen das britische Salzmonopol, die dem Prinzip des gewaltfreien Widerstands folgte. Gandhi fand für seine Ideen großen Rückhalt in der Bevölkerung und gilt als Wegbereiter der indischen Unabhängigkeit, die der britische Premierminister Clement Attlee 1947 verkündete.

Zu 48) B. Werner von Siemens

Werner von Siemens (1816–1892) baute 1866 den ersten elektrischen Generator, der zur Spannungserzeugung keinen von außen zugeführten Strom benötigte, sondern diesen selbst bereitstellte. Das zugrundeliegende dynamoelektrische Prinzip gilt als Meilenstein in der Entwicklung der modernen Elektro- und Starkstromtechnik.

Zu 49) D. Ein Künstler, Forscher und Erfinder zur Zeit der Renaissance

Leonardo da Vinci (1452–1519) war Maler, Bildhauer, Architekt, Musiker, Anatom, Mechaniker, Ingenieur, Naturphilosoph und Erfinder in Personalunion. Er gilt als der Universalmensch der Renaissance. Sein Werk umfasst Gemälde (z. B. die „Mona Lisa"), Skulpturen und andere Kunstgegenstände, daneben entwarf er visionäre Gebäude und Maschinen. Viele Projekte konnte er nie realisieren.

Zu 50) A. Friedrich Engels.

„Das Manifest der Kommunistischen Partei" oder kurz „Das Kommunistische Manifest", 1848 erschienen, verfasste der Ökonom und Philosoph Karl Marx (1818–1883) zusammen mit dem Philosophen und Historiker Friedrich Engels (1820–1895). Auf knapp 30 Seiten skizzieren sie die historische Entwicklung der Gesellschaftsmodelle vor dem Hintergrund fortwährender Klassenkämpfe, grenzen den Kommunismus von bisherigen Gesellschaftsformen ab und betonen die internationale Solidarität des Proletariats.

Physik und Technik (Aufgaben 51–60)

Zu 51) D. Nord- und Südpol

Die Pole eines Magneten heißen Nord- und Südpol. In grafischen Darstellungen ist der Nordpol meist rot und der Südpol grün eingefärbt, wobei die Feldlinien – die die Richtung und Stärke des Magnetfelds veranschaulichen – am Nordpol aus- und am Südpol eintreten.

Zu 52) C. die gegenseitige Anziehung von Massen.

Mit dem Gravitationsgesetz formulierte Isaac Newton (1643–1727) im Jahr 1687 einen grundlegenden Zusammenhang der klassischen Physik: Massen üben aufeinander eine Anziehung aus – bedingt durch die Gravitationskraft (Schwerkraft, Massenanziehung). Diese hat eine unbegrenzte Reichweite, nimmt aber mit steigender Entfernung ab.

Zu 53) B. aus Licht Strom.

Photovoltaik ist das Prinzip, Lichtenergie mittels Solarzellen in elektrische Energie umzuwandeln. Den zugrundeliegenden photoelektrischen Effekt entdeckte 1839 der französische Physiker Alexandre Becquerel. Zusammen mit der Windkraft zählt die Photovoltaik heute zu den Stützen der Energiewende weg von fossilen Brennstoffen hin zu erneuerbaren Ressourcen.

Zu 54) C. Seismograf

In „Seismograf" stecken die griechischen Wörter „seismós" („Erschütterung") und „grapho" („schreiben"). Mit diesem Gerät kann man Bodenerschütterungen messen, zum Beispiel bei Erdbeben. Das Instrument besteht im Wesentlichen aus einer an Federn aufgehängten Masse, die in Ruhe verharrt, während sich die Bodenbewegungen auf das Gehäuse übertragen.

Zu 55) D. Sandturbine

Turbinen sind Strömungsmaschinen, die mithilfe rotierender Schaufeln und Wellen die innere Energie von Fluiden (Gasen und Flüssigkeiten) in mechanische Energie umwandeln. Man nutzt sie in Flugzeugen, Schiffen und Kraftwerken. Sandturbinen gibt es nicht – Sand ist kein Fluid.

Zu 56) B. 300.000 km/s

Die Lichtgeschwindigkeit, abgekürzt „c", wird in der Relativitätstheorie als höchstmögliche Geschwindigkeit überhaupt angenommen. Im Vakuum beträgt sie 299.792.458 Meter pro Sekunde, also rund 300.000 Kilometer pro Sekunde. Heutzutage lässt sich die Geschwindigkeit des Lichts mit technischen Geräten genau ermitteln: zum Beispiel, indem man die Laufzeit eines Laserstrahls über eine definierte Distanz misst.

Zu 57) D. Schall ist bei kaltem Wetter schneller als bei warmem.

Dass Schall in Dezibel gemessen wird und physikalisch als Schwingungsfolge verstanden werden kann, stimmt. Auch ist der Schall um einiges langsamer als das Licht, das sich mit etwa 300.000 Kilometern pro Sekunde ausbreitet. Mit abnehmender Temperatur wird der Schall jedoch nicht etwa schneller – es ist genau umgekehrt: Er pflanzt sich in wärmerer Luft rascher fort. Bei –25 °C beispielsweise erreicht er eine Geschwindigkeit von rund 316 Metern pro Sekunde, bei +35 °C sind es über 350 Meter pro Sekunde.

Zu 58) D. Tesla

Die Einheit Celsius ist weltweit gebräuchlich, die Einheit Fahrenheit wird vor allem in den USA verwendet. Wissenschaftlicher Standard ist die Verwendung der Kelvin-Skala: 0 Kelvin entspricht der Temperatur des absoluten Nullpunkts (umgerechnet –273,15 Grad Celsius). 273,15 Kelvin entsprechen dem Nullpunkt der Celsius-Skala. Tesla ist die Standardeinheit der magnetischen Flussdichte.

Zu 59) C. behält er seine Geschwindigkeit mit Sicherheit bei.

Beschleunigung bedeutet, die Geschwindigkeit eines Körpers in einem definierten Zeitraum zu verändern – entweder positiv (beschleunigen) oder negativ (bremsen). Wenn ein Körper nicht beschleunigt wird, kann man daher nur eines mit Sicherheit sagen: dass er seine momentane Geschwindigkeit beibehält. Wie hoch diese ist, darüber sagt die Beschleunigung nichts aus.

Zu 60) A. Kraft (F) mal Weg (s)

In der Physik ist Arbeit definiert als das Produkt aus Kraft und Weg:

Arbeit (W) = Kraft (F) × Weg (s)

Die Einheit der Arbeit ist das Joule, nach dem britischen Physiker James Prescott Joule (1818–1889).

Biologie und Chemie (Aufgaben 61–70)

Zu 61) D. Erdöl

Benzin ist ein komplexes Gemisch aus über 100 unterschiedlichen, hauptsächlich leichten Kohlenwasserstoffen. Es wird überwiegend aus veredelten Komponenten in der Erdölraffination hergestellt und vornehmlich als Kraftstoff eingesetzt. Benzin kann auch aus Kohle durch Kohleverflüssigung gewonnen werden, was allerdings sehr kostenintensiv ist und dementsprechend selten angewendet wird.

Zu 62) D. Karotte

Die Tomate wurde erstmals 1498 von Christoph Kolumbus aus der „neuen Welt" nach Europa gebracht, der Mais und die Kartoffel folgten im 16. Jh. Die heute bekannte Karotte bzw. Möhre ist eine Kreuzung mehrerer ursprünglicher Kulturformen aus dem Mittelmeerraum und Afghanistan.

Zu 63) A. H_2O

Ein Wassermolekül enthält zwei Atome Wasserstoff (H) und ein Atom Sauerstoff (O) – in chemischer Formelschreibweise: H_2O.

Zu 64) D. Schimpanse

Schimpansen, Gorillas und Orang-Utans zählen wie der Mensch zur biologischen Familie der Menschenaffen in der Ordnung der Primaten. Genetisch am nächsten steht uns die Gattung der Schimpansen, die aus zwei Arten besteht: dem Gemeinen Schimpansen und dem Bonobo. Ihr Erbgut unterscheidet sich vom menschlichen Erbgut um etwa 1,3 Prozent. Paviane sind auch Primaten, gehören jedoch zur Familie der Meerkatzenverwandten.

Zu 65) C. Der Kuckuck

Der etwa taubengroße Kuckuck lebt in Nordafrika und Eurasien. Die Eier der Kuckucksweibchen ähneln jenen der beabsichtigten Wirtsvögel (kleinere Singvögel) und werden in deren Nester gelegt. Nach dem Schlüpfen beseitigt das Kuckucksjunge die fremden Eier und Küken und wächst allein im Nest heran.

Zu 66) B. Riesenbambus

Die am schnellsten wachsende Pflanze der Welt ist der Riesenbambus: In der Wachstumsphase erreicht er ein tägliches Längenwachstum von bis zu 70 Zentimetern. Der Riesenbambus stammt ursprünglich aus Südostasien, findet sich mittlerweile aber auch in vielen mitteleuropäischen Gärten als Zierpflanze.

Zu 67) C. Über 100

Nachgewiesen wurden bisher 118 chemische Elemente, die im Periodensystem nach steigender Kernladungszahl angeordnet sind. Sämtliche 80 stabilen Elemente kommen auf der Erde vor, nur 17 davon sind keine Metalle. Die Atome mancher Elemente verbinden sich miteinander zu Molekülen, so zum Beispiel alle unter Normalbedingungen gasförmigen Elemente, die keine Edelgase sind: Wasserstoff (H_2), Stickstoff (N_2), Sauerstoff (O_2), Fluor (F_2) und Chlor (Cl_2). Edelgase reagieren nicht mit sich selbst; sie bestehen aus einzelnen Atomen.

Zu 68) C. Der flüssige Zustand hängt auch von äußeren Faktoren wie der Temperatur und dem Druck ab.

Eine Flüssigkeit ist eine Materie im flüssigen Aggregatzustand. Flüssigkeiten sind volumenbeständig, formunbeständig und unterliegen einer ständigen Brownschen Bewegung. Der flüssige Zustand ist nicht allein stoffspezifisch, sondern hängt stark von äußeren Faktoren wie der Temperatur und dem Druck ab.

Zu 69) B. Blei

Im Vergleich der Schmelzpunkte der genannten Metalle liegt Blei an unterster Stelle: Es schmilzt bereits bei Temperaturen von 327 °C. Silber geht bei rund 961 °C in den flüssigen Zustand über, Gold bei 1.064 °C, und Eisen verflüssigt sich erst bei 1.536 °C.

Zu 70) A. Antarktis

Die meisten Pinguinarten leben etwa zwischen dem 45. und 60. Breitengrad südlicher Breite, wobei sich die größte Anzahl in den Küstengewässern der Antarktis und auf den nahegelegenen Inseln findet. Zudem gibt es Pinguine in Neuseeland, dem südlichen Australien, Südafrika, auf den vor Südamerika gelegenen Falklandinseln und an der Westküste hinauf bis nach Peru sowie auf den äquatornah gelegenen Galápagos-Inseln. Als kälteliebende Vögel treten sie in tropischen Gebieten nur dann auf, wenn Kaltwasserströmungen existieren. Der eigentliche Lebensraum der Pinguine ist das offene Meer, an das sie anatomisch hervorragend angepasst sind. Lediglich zum Brüten kehren sie an Land zurück.

Begriffe einsetzen (Aufgaben 71–80)

Zu 71) A. Primzahl

Primzahlen sind nur durch 1 und sich selbst ohne Rest teilbar. Die Primzahlen bis 100 lauten: 2, 3, 5, 7, 11, 13, 17, 19, 23, 29, 31, 37, 41, 43, 47, 53, 59, 61, 67, 71, 73, 79, 83, 89, 97.

Zu 72) D. Würde

Artikel 1 des Grundgesetzes lautet: „Die Würde des Menschen ist unantastbar. Sie zu achten und zu schützen ist Verpflichtung aller staatlichen Gewalt."

Zu 73) B. Erbinformationen

Die menschlichen Erbinformationen sind in den Genen codiert. Mehrere Gene reihen sich jeweils zu einem langen, dünnen Faden aneinander, der wiederum zu einer kompakten Struktur, einem Chromosom aufgewickelt ist. Der Mensch besitzt 23 verschiedene Chromosomenpaare, also insgesamt 46 Chromosomen. Darunter findet sich nur bei Frauen ein xx-Chromosomenpaar und ausschließlich bei Männern ein xy-Paar.

Zu 74) B. Aktie

Die Rede ist von der Aktie. Dividenden sind Gewinnbeteiligungen, die Aktiengesellschaften an ihre Aktionäre ausschütten. Subventionen sind finanzielle Vorteile, die ein Staat Privathaushalten, Unternehmen oder anderen Staaten gewährt. Die Rendite beziffert den mit einer Geldanlage erzielten Gewinn im Verhältnis zum eingesetzten Kapital.

Zu 75) D. einen Stoffwechsel

Einem Tier, das weder Nase, noch Ohren oder Lunge besitzt, begegnet man recht häufig – dem Regenwurm. Wie alle anderen Lebewesen hat er jedoch einen Stoffwechsel, das heißt: Sein Organismus wandelt chemische Stoffe in andere Stoffe um, die er braucht, um seine Körpersubstanz zu erhalten, Energie zu gewinnen und seine Körperfunktionen aufrechtzuerhalten. Ein weiterer Stoffwechsel-Prozess ist die Umwandlung schädlicher Stoffe in ausscheidbare Stoffe.

Zu 76) C. Sauerstoff

Rost entsteht, wenn Eisen oder Stahl in Gegenwart von Wasser mit Sauerstoff oxidiert. Dabei verliert das Metall Elektronen an eine Wasser-Sauerstoff-Verbindung, wodurch sich seine Eigenschaften und seine Funktionalität verändern. Man nennt diesen Prozess auch Korrosion.

Zu 77) D. älterer Menschen

Als demografischen Wandel bezeichnet man die hiesigen Tendenzen in der Bevölkerungsentwicklung. Maßgebliche demografische Faktoren sind die Geburten- und Sterbezahlen sowie Zu- und Fortzüge. In Deutschland liegt seit Beginn der 70er-Jahre die Sterberate über der Geburtenrate, sodass die Bevölkerung insgesamt abnimmt. Gleichzeitig steigt der Bevölkerungsanteil der älteren Menschen.

Zu 78) A. Sonnenlicht

Die Substanz Cholecalciferol – auch als Vitamin D bekannt – kann der menschliche Körper in der Haut selbst herstellen. Eine Voraussetzung dafür ist die Einwirkung von UVB-Strahlung, wie sie im Sonnenlicht vorkommt. Vitamin D übernimmt wichtige Aufgaben im Organismus, beispielsweise beim Knochenaufbau.

Zu 79) C. Hygrometer

Zur Bestimmung der Luftfeuchtigkeit nutzt man ein Hygrometer. Der Name des Instruments setzt sich zusammen aus den altgriechischen Wörtern „hygrós" („feucht", „nass") und „métron" („Maß", „Maßstab"). Mit einem Thermometer misst man Temperaturen, mit einem Manometer Drücke. Das Nanometer ist eine Längeneinheit und entspricht einem milliardstel Meter.

Zu 80) D. Antikörper.

Bei aktiven Impfungen verabreicht man lebende oder tote Krankheitserreger, die das Immunsystem zur Bildung eigener Antikörper anregen. Bei passiven Immunisierungen enthält der Impfstoff selbst die benötigten Antikörper, das Immunsystem bleibt „passiv". Streng medizinisch ist dieses Verfahren keine Impfung im eigentlichen Sinne.

Abkürzungen (Aufgaben 81–90)

Zu 81) C. World Wide Web

Die Buchstabenfolge „www" steht für „World Wide Web" – einen über das Internet abrufbaren Dienst, der 1993 weltweit zur allgemeinen Nutzung freigegeben wurde. Das World Wide Web wird häufig mit dem Internet gleichgesetzt, obwohl es jünger ist und nur eine mögliche Nutzungsart des Internets darstellt.

Zu 82) A. Per annum

Die Abkürzung „p. a." bedeutet „pro anno" bzw. „per annum", auf Deutsch „pro Jahr, auf das Jahr bezogen". Die Angabe ist vor allem im Geschäftsleben gebräuchlich, insbesondere im Finanzbereich. Unter anderem werden Zinsen oft mit dem Zusatz „p. a." angegeben, um zu verdeutlichen, dass es sich um einen jährlichen Zinssatz handelt.

Zu 83) C. Internationaler Währungsfonds

Der Internationale Währungsfonds (IWF) ist eine Organisation der Vereinten Nationen, gegründet am 22. Juli 1944 durch eine internationale Übereinkunft. Er ist eine Schwesterorganisation der Weltbank-Gruppe und hat seinen Sitz in Washington D.C., USA. Zu den Aufgaben des IWF gehören: Förderung der internationalen Zusammenarbeit in der Währungspolitik, Ausweitung des Welthandels, Stabilisierung von Wechselkursen, Kreditvergabe, Überwachung der Geldpolitik, technische Hilfe.

Zu 84) D. Industrie- und Handelskammer

Die Industrie- und Handelskammern (IHKs) sind Interessensgemeinschaften der deutschen Wirtschaft. Sie vertreten ihre Mitgliedsunternehmen gegenüber dem Staat und in der Öffentlichkeit. Bundesweit gibt es 79 regionale Kammern; ihre Dachorganisation ist der Deutsche Industrie- und Handelskammertag (DIHK). Alle Unternehmen sind zur Mitgliedschaft in der zuständigen regionalen IHK verpflichtet, ausgenommen reine Handwerksbetriebe, Landwirtschaften und Freiberufler.

Zu 85) D. Mitteleuropäische Zeit

„MEZ" steht für die Mitteleuropäische Zeit (engl. „Central European Time"/ „CET"). Diese Zeitzone umfasst die meisten europäischen Länder und Teile Afrikas. Im Sommerhalbjahr wird die MEZ in vielen Ländern von der MESZ, der mitteleuropäischen Sommerzeit abgelöst.

Zu 86) B. gegebenenfalls

Die Abkürzung „ggf." steht für „gegebenenfalls".

Zu 87) A. Straßenverkehrs-Ordnung.

„StVO" steht für die deutsche Straßenverkehrs-Ordnung, die den Verkehr auf Straßen, Wegen und Plätzen regelt. Sie definiert u. a. erlaubte Geschwindigkeiten, Halte- und Parkverbote, Vorfahrten, Abbiege- und Überholvorgänge – und Bußgelder bei Verstößen.

Zu 88) B. Technischer Überwachungs-Verein

Ein Technischer Überwachungs-Verein (TÜV) führt technische Kontrollen durch, um die Sicherheit u. a. von Kraftfahrzeugen und Maschinen zu prüfen. TÜVs sind privatwirtschaftliche Gesellschaften, die der Staat mit hoheitlichen Aufgaben betraut, beispielsweise der Hauptuntersuchung für Kraftfahrzeuge. Den Namen „TÜV" tragen in Deutschland mehrere eigenständige, konkurrierende Unternehmen: die Holdings TÜV Süd, TÜV Nord und TÜV Rheinland sowie die konzernunabhängigen TÜV Thüringen und TÜV Saarland.

Zu 89) B. Hypertext Markup Language

Das Kürzel „html" steht für „Hypertext Markup Language", auf Deutsch „Hypertext-Auszeichnungssprache": Dabei handelt es sich um eine textbasierte Beschreibungssprache für Dokumente im World Wide Web, die durch einen Webbrowser dargestellt werden können. Die Auszeichnungssprache dient der Strukturierung von Inhalten wie Texten, Bildern und Hyperlinks. Die allermeisten Webseiten im Internet sind mit HTML gestaltet.

Zu 90) D. Kapitalanlagegesellschaft

Eine Kapitalanlagegesellschaft (KAG) ist eine Institution – zumeist in Form einer GmbH oder AG –, die Anteilsscheine (z. B. Investmentfondsanteile) ausgibt. Die daraus erzielten Einnahmen werden zum Kauf eines Portfolios aus Wertpapieren, Immobilien und/oder Beteiligungen verwendet. Steigt der Wert des Portfolios, so profitiert der Inhaber der Fondsanteile vom steigenden Wert seiner Anteilsscheine. Demgegenüber trägt er die Verluste, wenn das Portfolio im Wert sinkt. Kapitalanlagegesellschaften bedürfen spezieller Konzessionen und werden von den Aufsichtsbehörden der jeweiligen Staaten überwacht.

Fachbezogenes Wissen

Mechanik

Bearbeitungszeit 5 Minuten

Beantworten Sie bitte die folgenden Aufgaben, indem Sie jeweils den richtigen Lösungsbuchstaben markieren.

1) Was ist das Hauptmerkmal von Federn?

A. Sie sind gewunden.
B. Sie sind spröde.
C. Sie sind elastisch.
D. Sie sind hart.
E. Keine Antwort ist richtig.

2) Formbar, thermisch und elektrisch leitfähig – die Rede ist von …?

A. Metallen.
B. Hölzern.
C. Kunststoffen.
D. Polymeren.
E. Keine Antwort ist richtig.

3) Wie geschieht die Kraft- und Energieübertragung in hydraulischen Anlagen?

A. Durch Druckluft
B. Durch Flüssigkeit
C. Über Stangen und Hebel
D. Über Seilzüge
E. Keine Antwort ist richtig.

4) Welcher Begriff bezeichnet eine lösbare Verbindung zweier Bauteile mithilfe von Schrauben und Muttern?

A. Flansch
B. Bördel
C. Nut
D. Klemme
E. Keine Antwort ist richtig.

5) Was geschieht beim Arbeitsverfahren „Spanen"?

A. Ein Werkstück wird poliert und versiegelt.
B. Überflüssiges Material wird von einem Werkstoff abgetragen.
C. Verschiedene Bauteile werden zu einer Baugruppe zusammengefügt.
D. Oberflächen werden geglättet und geschmiert.
E. Keine Antwort ist richtig.

6) Nieten und zu vernietende Bauteile sollten möglichst aus dem gleichen Material bestehen, damit …?

A. das Endprodukt einheitlich aussieht.
B. Kosten gespart werden können.
C. die Verbindung langfristig stabil bleibt.
D. beim Vernieten das härtere dem weicheren Material nicht schadet.
E. Keine Antwort ist richtig.

7) Wie lässt sich ein Werkstoff charakterisieren, der schon bei leichter Verformung bricht?

A. Er ist besonders spröde.
B. Er ist besonders elastisch.
C. Er ist besonders viskos.
D. Er ist besonders zäh.
E. Keine Antwort ist richtig.

8) Welches Öl sollte man zur Schmierung extrem enger Zwischenräume verwenden?

A. Ein besonders dickflüssiges Öl
B. Ein besonders dünnflüssiges Öl
C. Ein besonders viskoses Öl
D. Ein besonders schnell trocknendes Öl
E. Keine Antwort ist richtig.

9) Wobei handelt es sich nicht um ein Fügeverfahren?

A. Schweißen
B. Löten
C. Kleben
D. Sintern
E. Keine Antwort ist richtig.

10) Worin unterscheiden sich Wellen und Achsen?

A. Wellen übertragen Energie, Achsen nicht.
B. Im jeweils verwendeten Material
C. In der Größe: Große Wellen heißen Achsen.
D. Wellen werden senkrecht eingebaut, Achsen waagerecht.
E. Keine Antwort ist richtig.

Elektronik

Bearbeitungszeit 5 Minuten

Beantworten Sie bitte die folgenden Aufgaben, indem Sie jeweils den richtigen Lösungsbuchstaben markieren.

11) Welche Angabe bezieht sich auf einen elektrischen Widerstand?

A. 3 Σ
B. 0,5 A
C. 13 V
D. 150 Ω
E. Keine Antwort ist richtig.

12) Mit welchem Bauelement kann man elektrische Ladung gut speichern?

A. Mit einem Widerstand
B. Mit einem Isolator
C. Mit einer Spule
D. Mit einem Kondensator
E. Keine Antwort ist richtig.

13) Die elektrische Leitfähigkeit eines Halbleiters ...?

A. ist halb so groß wie bei einem Leiter.
B. hängt von seiner Temperatur ab.
C. ist doppelt so groß wie bei einem Isolator.
D. hängt von der Dauer des Stromflusses ab.
E. Keine Antwort ist richtig.

14) Welche physikalische Größe gibt man in der Einheit Hertz an?

A. Die Frequenz
B. Die Kapazität
C. Die Induktivität
D. Die Relativität
E. Keine Antwort ist richtig.

15) Welches Bauelement dient zum Schalten und Verstärken elektrischer Signale?

A. Transformator
B. Transistor
C. Kondensator
D. Generator
E. Keine Antwort ist richtig.

16) Was ist ein Relais?

A. Der Schaltplan einer elektrischen Anlage
B. Das Schaltpult einer computergesteuerten Anlage
C. Ein elektromagnetischer Schalter
D. Ein Verstärker elektrischer Signale
E. Keine Antwort ist richtig.

17) Durch das Produkt von (konstanter) Spannung und (konstanter) Stromstärke über eine bestimmte Zeit berechnet sich die ...?

A. elektrische Energie.
B. elektrische Kapazität.
C. elektrische Leistung.
D. elektrische Frequenz.
E. Keine Antwort ist richtig.

18) Welche Beziehung gilt nach dem ohmschen Gesetz?

A. Je höher die Spannung, desto größer die Stromstärke.
B. Je niedriger der Widerstand, desto größer die Stromstärke.
C. Je höher der Widerstand bei gleichbleibender Spannung, desto geringer die Stromstärke.
D. Je niedriger die Spannung bei gleichbleibender Stromstärke, desto größer der Widerstand.
E. Keine Antwort ist richtig.

19) Was zeichnet eine Kathode aus?

A. Bipolarität
B. Elektronenüberschuss
C. Ladungsgleichgewicht
D. Elektronenmangel
E. Keine Antwort ist richtig.

20) Was ist ein Potentiometer?

A. Ein Instrument zur Messung elektrischer Kapazität
B. Ein Gerät zur Drehstrom-Erzeugung
C. Ein Spannungswandler
D. Ein mechanisch regulierbarer Widerstand
E. Keine Antwort ist richtig.

IT/EDV-Kenntnisse

Bearbeitungszeit 5 Minuten

Beantworten Sie bitte die folgenden Aufgaben, indem Sie jeweils den richtigen Lösungsbuchstaben markieren.

21) Das „Mainboard" in einem Computer ...?

A. wird auch „Prozessor" genannt.
B. ist die Grafikkarte mit integrierter Soundkarte.
C. wird auch „Hauptspeicher" genannt.
D. ist die Hauptplatine eines Computers und enthält diverse Steckplätze.
E. Keine Antwort ist richtig.

22) Wofür kann man Bluetooth nicht verwenden?

A. Zur Verbindung eines PDAs mit einem Computer
B. Zur Verbindung eines Headsets mit einem Telefon
C. Zur Verbindung eines Druckers mit einem Laptop
D. Zur Verbindung zweier Laptops über eine größere Distanz
E. Keine Antwort ist richtig.

23) Über eine IP-Adresse findet man ...?

A. Produzenten und Herstellungsorte der gekauften Hard- und Software.
B. Internet-Produktdienstleister, die sich im IP-Verband zusammengeschlossen haben.
C. Geräte, die an ein Netzwerk angeschlossen sind.
D. die E-Mail-Kontaktdaten zu jeder Person mit E-Mail-Konto.
E. Keine Antwort ist richtig.

24) Worauf bezieht sich in der IT-Sprache die Angabe „3 GHz"?

A. Bildschirmauflösung der Grafikkarte
B. Speicherkapazität der Festplatte
C. Geschwindigkeit des Prozessors
D. Kapazität des Hauptspeichers
E. Keine Antwort ist richtig.

25) Welcher der folgenden Begriffe steht für eine Computersprache?

A. TCP/IP
B. LAN
C. BASIC
D. CBT
E. Keine Antwort ist richtig.

26) Ein Bit ist die kleinste Informationseinheit in der Computertechnik und kann ...?

A. entweder den Wert 0 oder 1 annehmen.
B. entweder den Wert 0 oder 9 annehmen.
C. aus einer Zahl zwischen 0 und 8 bestehen.
D. aus 8 Bytes bestehen.
E. Keine Antwort ist richtig.

27) Was ist ein LAN?

A. Ein Rechnernetz
B. Ein Internetprotokoll
C. Ein Glasfaserkabel
D. Ein Kupferkabel mit Texasstecker
E. Keine Antwort ist richtig.

28) Wofür stehen die Begriffe „analog" und „digital"?

A. Für verschiedene Arten von Mikroprozessoren
B. Für Ein- und Ausgabegeräte
C. Für manuelle und automatische Prozesse
D. Für unterschiedliche Signalarten
E. Keine Antwort ist richtig.

29) Computergesteuerte Werkzeugmaschinen nennt man auch ...?

A. DIGI-Maschinen.
B. CWM-Maschinen.
C. PCT-Maschinen.
D. CNC-Maschinen.
E. Keine Antwort ist richtig.

30) Was verstehen Sie unter „SATA"?

A. Einen besonderen Prozessor
B. Ein Grafikformat
C. Eine Computerschnittstelle
D. Ein Internetprotokoll
E. Keine Antwort ist richtig.

Arbeitssicherheit

Bearbeitungszeit 5 Minuten

Beantworten Sie bitte die folgenden Aufgaben, indem Sie jeweils den richtigen Lösungsbuchstaben markieren.

31) Was bedeutet dieses Piktogramm?

A. Brandfördernder Stoff
B. Extreme Hitze
C. Verpuffender Stoff
D. Strahlungswärme
E. Keine Antwort ist richtig.

32) Was bedeutet dieses Piktogramm?

A. Desinfektionspflicht
B. Kein Ausgang
C. Durchgang für Unbefugte untersagt
D. Ausweiskontrolle
E. Keine Antwort ist richtig.

33) Was bedeutet dieses Piktogramm?

A. Einsturzgefahr
B. Kollisionsgefahr
C. Überlastungsgefahr
D. Warnung vor Gabelstaplern
E. Keine Antwort ist richtig.

34) Was bedeutet dieses Piktogramm?

A. Gasanschluss
B. Feuerlöscher
C. Sauerstoffzufuhr
D. Öltank
E. Keine Antwort ist richtig.

35) Was bedeutet dieses Piktogramm?

A. Löschschlauch
B. Erdgas/-ölleitung
C. Trinkwasseranschluss
D. Seil steht unter Spannung
E. Keine Antwort ist richtig.

36) Was bedeutet dieses Piktogramm?

A. Schwankender Untergrund
B. Ungesicherter Übergang
C. Rutschgefahr
D. Steiler Anstieg
E. Keine Antwort ist richtig.

37) Was bedeutet dieses Piktogramm?

A. Sicherheitshinweise beachten
B. Gehörschutz tragen
C. Schutzhelm tragen
D. Minimale Sichtweite
E. Keine Antwort ist richtig.

38) Was bedeutet dieses Piktogramm?

A. Gehörschutz
B. Notruftelefon
C. Hilfe für Gehörlose
D. Lärmquelle
E. Keine Antwort ist richtig.

39) Was bedeutet dieses Piktogramm?

A. Hände desinfizieren
B. Nicht berühren
C. Schutzhandschuhe tragen
D. Gefahr durch scharfe Klingen
E. Keine Antwort ist richtig.

40) Was bedeutet dieses Piktogramm?

A. Verbot von offenem Feuer
B. Nichtraucherbereich
C. Vorsicht, Funkenflug
D. Brennbarer Feststoff
E. Keine Antwort ist richtig.

Praktisches Verständnis: Bildaufgaben

Bearbeitungszeit 15 Minuten

Beantworten Sie bitte die folgenden Aufgaben, indem Sie jeweils den richtigen Lösungsbuchstaben markieren.

41) An einem Schwingungsdiagramm lässt sich ablesen, wie hoch die Frequenz eines Tons ist, d. h. wie oft sich eine (Schall-)Schwingung pro Zeiteinheit wiederholt. Hohe Frequenzen bedeuten dabei hohe Töne. Welche Töne sind gleich hoch?

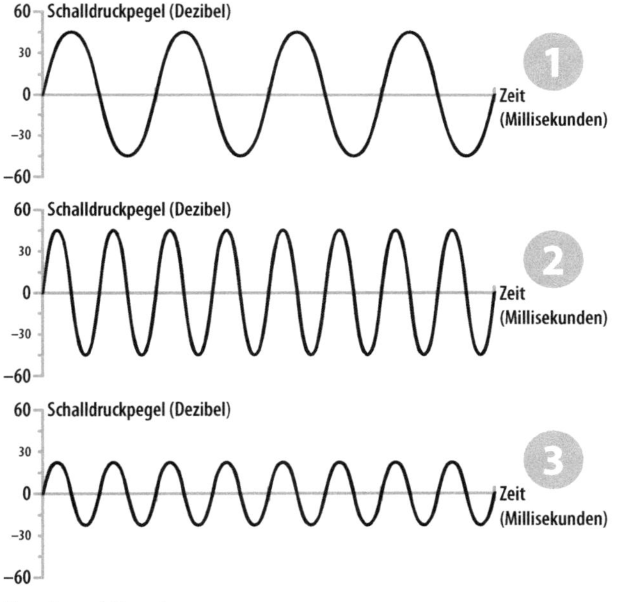

A. Ton 1 und Ton 2
B. Ton 1 und Ton 3
C. Ton 2 und Ton 3
D. Alle Töne sind verschieden hoch.
E. Keine Antwort ist richtig.

42) Mit welchem Schraubenschlüssel lässt sich die Schraubenmutter am besten festziehen?

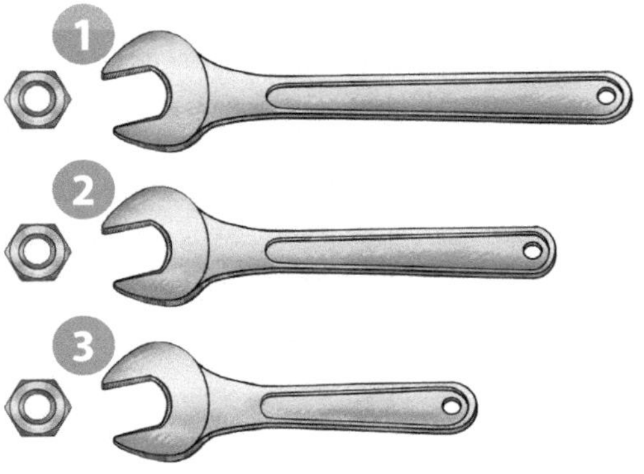

A. Mit Schraubenschlüssel 1
B. Mit Schraubenschlüssel 2
C. Mit Schraubenschlüssel 3
D. Die Schraube lässt sich mit den verschiedenen Schraubenschlüsseln gleich gut festziehen.
E. Keine Antwort ist richtig.

43) Wie hoch ist der Gesamtwiderstand im Stromkreis?

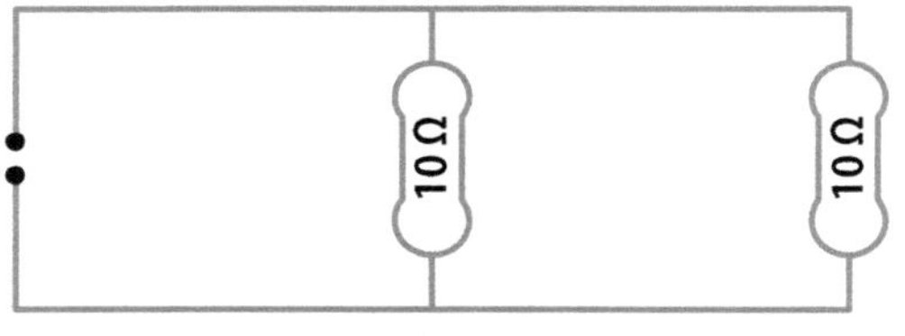

A. 100 Ω
B. 40 Ω
C. 20 Ω
D. 5 Ω
E. Keine Antwort ist richtig.

44) In welche Richtung bewegt sich das Rad B, wenn sich das Antriebsrad A in Pfeilrichtung dreht?

A. In Richtung 1
B. In Richtung 2
C. Hin und her
D. Gar nicht
E. Keine Antwort ist richtig.

45) Die Kette wird im Uhrzeigersinn gedreht. Überlegen Sie, ob sich das angehängte Gewicht bewegt und wenn ja, in welche Richtung!

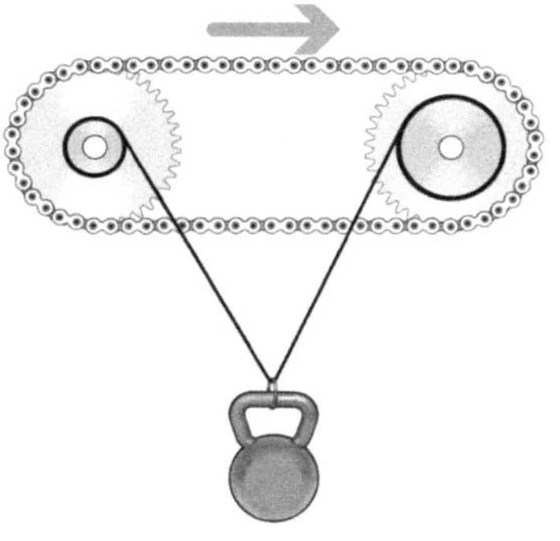

A. Das Gewicht bewegt sich nicht.
B. Das Gewicht bewegt sich nach oben.
C. Das Gewicht bewegt sich nach unten.
D. Das Gewicht bewegt sich erst nach oben und anschließend nach unten.
E. Keine Antwort ist richtig.

46) Welche der Räder drehen sich in die gleiche Richtung wie Rad 1?

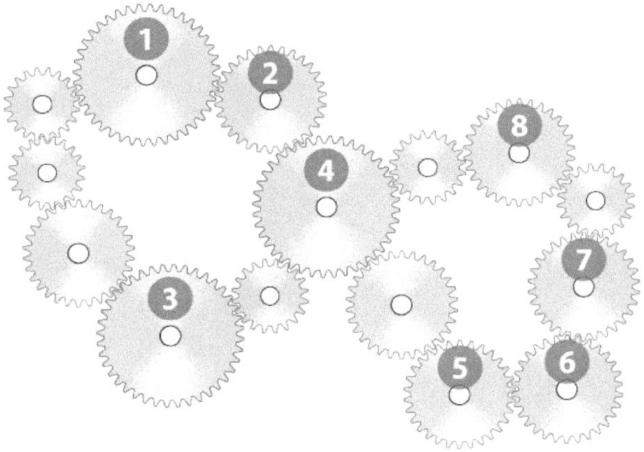

A. 3, 4 und 8
B. 2, 4 und 6
C. 4, 6 und 8
D. 3, 6 und 7
E. Keine Antwort ist richtig.

47) An welcher Stelle des Stromkreises ist die Stromstärke am größten?

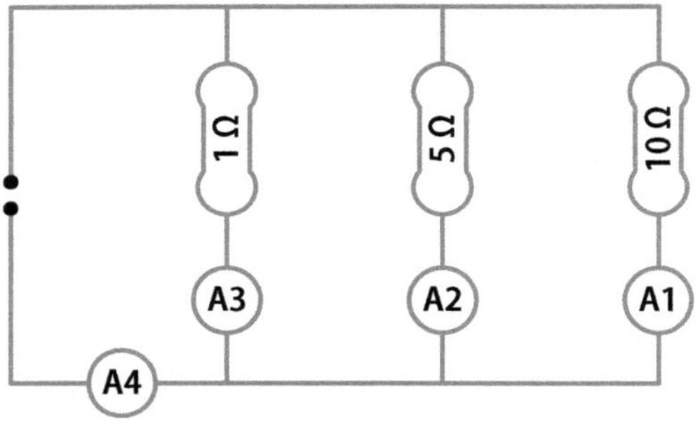

A. Bei A1
B. Bei A2
C. Bei A3
D. Bei A4
E. Keine Antwort ist richtig.

48) Ihnen liegen vier Kontaktanschlüsse 1 bis 4 vor. Welche zwei Kontaktanschlüsse müssen kurzgeschlossen werden, damit eine der vier Lampen möglichst hell leuchtet?

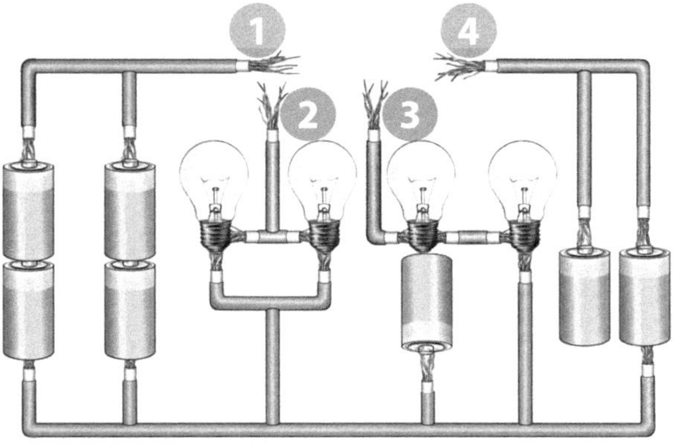

A. 1 und 2
B. 2 und 3
C. 3 und 4
D. 1 und 3
E. Keine Antwort ist richtig.

49) Jeder der Würfel besteht aus einem anderen Material, doch alle haben die gleiche Masse. Welche Aussage über ihre Dichte ist richtig?

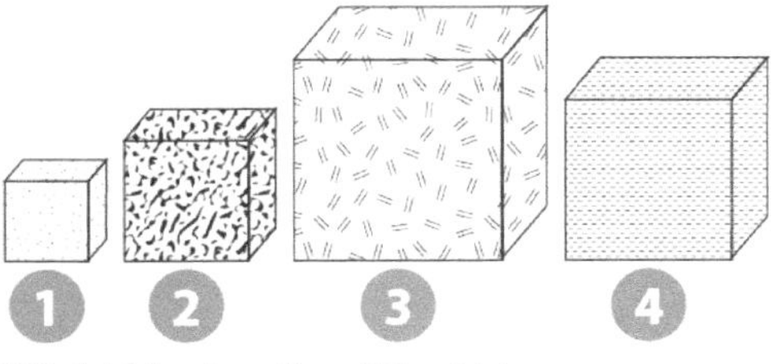

A. Würfel 3 besitzt die größte Dichte.
B. Alle Würfel besitzen die gleiche Dichte.
C. Würfel 1 besitzt die größte Dichte.
D. Ohne weitere Angaben lässt sich dazu nichts sagen.
E. Keine Antwort ist richtig.

50) Welches Rad dreht sich am langsamsten?

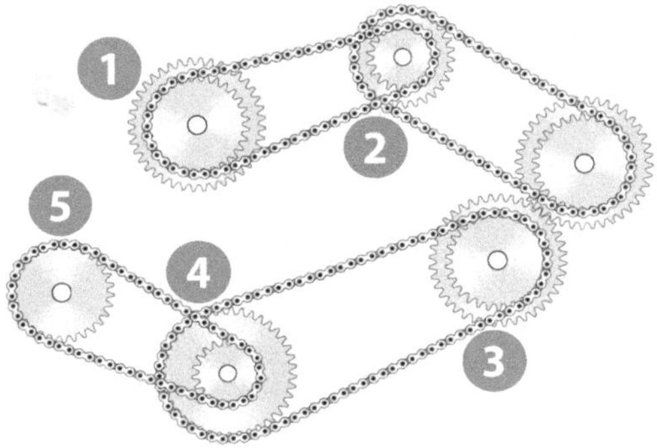

A. Rad 1
B. Rad 3
C. Rad 4
D. Rad 5
E. Keine Antwort ist richtig.

51) Die zwei Platten eines Kondensators sind durch Glas isoliert. Wie sieht eine typische Ladungsverteilung aus?

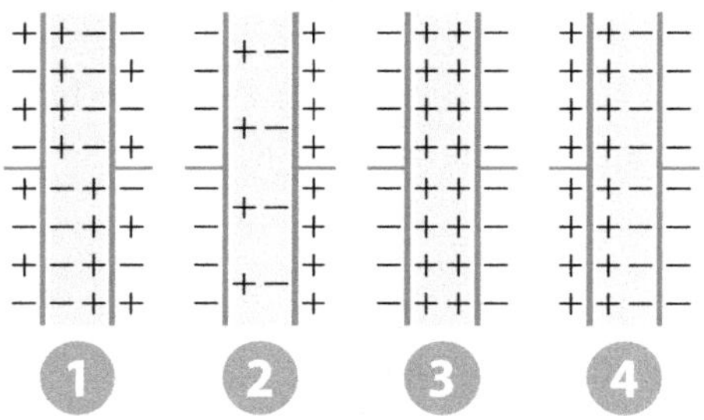

A. Wie in Skizze 1
B. Wie in Skizze 2
C. Wie in Skizze 3
D. Wie in Skizze 4
E. Keine Antwort ist richtig.

52) An zwei unterschiedliche Federsysteme werden identische Stahlkugeln angehängt. Alle Federn sind gleich und können als masselos angenommen werden. Welche Federn werden am schwächsten gedehnt?

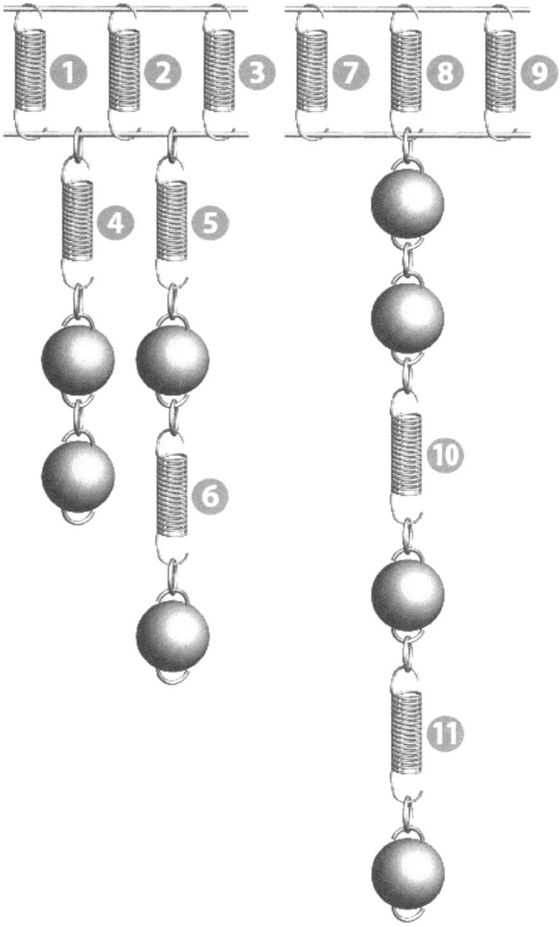

A. Die Federn 1, 2 und 3
B. Die Federn 7, 8 und 9
C. Die Federn 4 und 10
D. Die Federn 6 und 11
E. Keine Antwort ist richtig.

53) In welche Richtung dreht sich das obere Rad, wenn das Antriebsrad A in Pfeilrichtung gedreht wird?

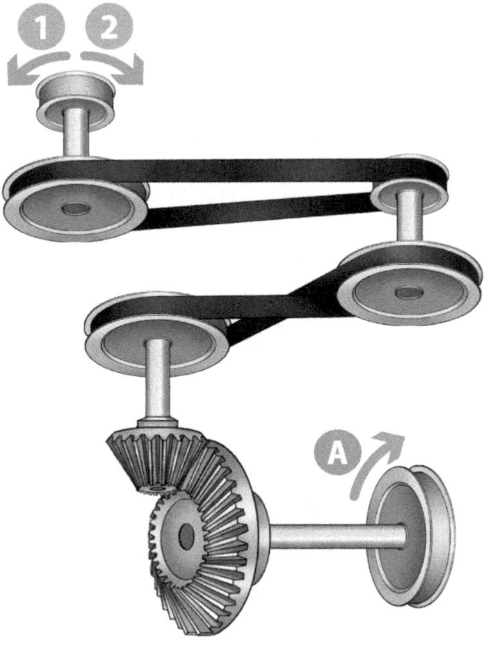

A. In Richtung 1
B. In Richtung 2
C. Hin und her
D. Gar nicht
E. Keine Antwort ist richtig.

54) Welche Aussage zur Funktionsweise der abgebildeten Pumpe ist falsch?

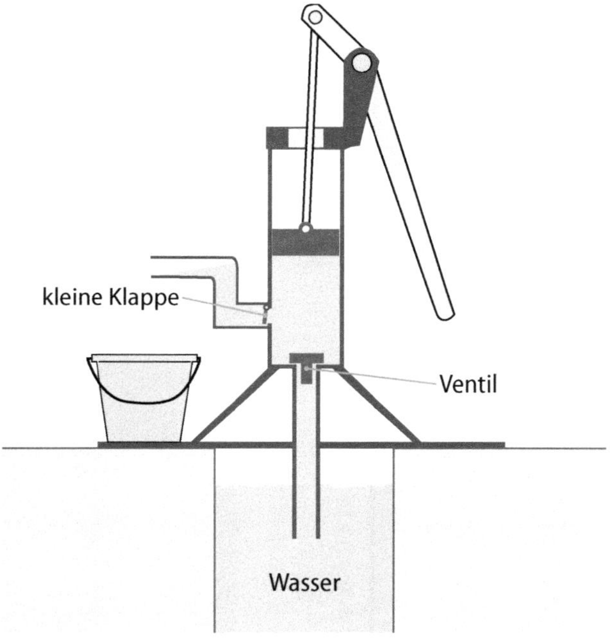

A. Zieht man den Hebel nach oben, bewegt sich das Ventil nicht.

B. Das Ventil lässt Wasser nach oben strömen, aber nicht nach unten.

C. Wenn sich das Ventil nach oben bewegt, ist die Klappe geschlossen.

D. Wird der Hebel nach unten gedrückt, strömt das Wasser in den Eimer.

E. Keine Antwort ist richtig.

55) Welche Spannung liegt am zweiten Widerstand an?

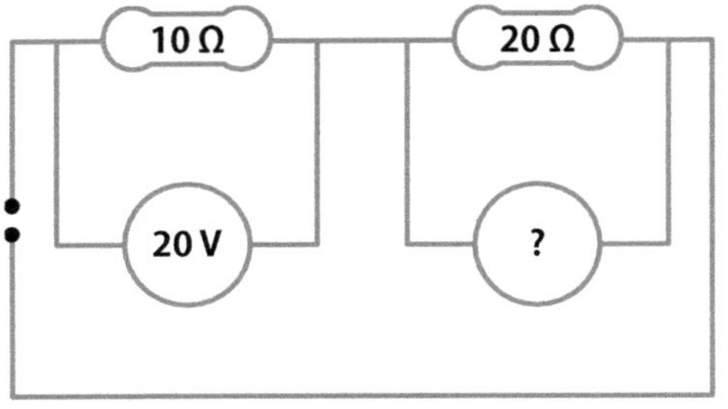

A. 10 V

B. 20 V

C. 40 V

D. 80 V

E. Keine Antwort ist richtig.

Lösungen: Fachbezogenes Wissen

1) C	20) D	39) C
2) A	21) D	40) A
3) B	22) D	41) C
4) A	23) C	42) A
5) B	24) C	43) D
6) C	25) C	44) A
7) A	26) A	45) B
8) B	27) A	46) A
9) D	28) D	47) D
10) A	29) D	48) D
11) D	30) C	49) C
12) D	31) A	50) D
13) B	32) C	51) B
14) A	33) D	52) D
15) B	34) B	53) B
16) C	35) A	54) D
17) A	36) C	55) C
18) C	37) B	
19) B	38) B	

Mechanik (Aufgaben 1–10)

Zu 1) C. Sie sind elastisch.

Allgemein ausgedrückt: Federn sind elastische Elemente, die unter Belastung nachgeben und anschließend in ihre ursprüngliche Form zurückkehren. Je nach Einsatzzweck verwendet man verschiedene Federtypen, von der gewundenen Spiralfeder bis hin zur gebogenen Blattfeder.

Zu 2) A. Metallen.

Die angegebenen Eigenschaften sind charakteristisch für Metalle. Polymere sind eine Untergruppe der Kunststoffe und leiten als solche – ebenso wie Holz – weder Wärme noch elektrischen Strom.

Zu 3) B. Durch Flüssigkeit

Allgemein bezeichnet „Hydraulik" die Lehre vom Strömungsverhalten flüssiger Stoffe. Hydraulische Anlagen – z. B. Bagger, Krane, Werkzeugmaschinen – nutzen das Prinzip der Kraft- bzw. Energieübertragung mittels Flüssigkeiten. Verwendet man stattdessen Druckluft (oder andere Gase), handelt es sich um pneumatisches Gerät.

Zu 4) A. Flansch

Eine lösbare Verbindung zweier Bauteile mithilfe von Schrauben und Muttern ist ein Flansch. Im Maschinenbau flanscht man zum Beispiel Motoren an Getriebe oder Rotorblätter an Windkraftanlagen. Bei der Rohrinstallation verflanscht man Rohrteile, indem man ringförmige Dichtflächen an den Rohrenden aneinanderschraubt. Dadurch wird ein Anpressdruck auf die zwischenliegende Dichtung ausgeübt – je höher der Druck, desto dichter die Verbindung.

Zu 5) B. Überflüssiges Material wird von einem Werkstoff abgetragen.

„Spanen" heißt eine DIN-klassifizierte Kategorie von Arbeitsverfahren, bei denen überflüssiges Material in kleinen Stücken (Spänen) abgetragen wird: beispielsweise durch Hobeln, Feilen, Fräsen oder Meißeln. Spanverfahren taugen zur Bearbeitung aller möglichen festen Werkstoffe wie Metall, Holz und Kunststoff. Hat der Prozess trennenden Charakter, spricht man auch von „Zerspanen".

Zu 6) C. die Verbindung langfristig stabil bleibt.

Die Nieten sollten möglichst aus dem gleichen Material bestehen wie die zu verbindenden Bauteile, da sich die einzelnen Komponenten bei Erwärmung sonst unterschiedlich stark ausdehnen könnten – die Folge: Die Verbindung lockert sich. Außerdem kann es bei der Verwendung unterschiedlicher Komponenten zur elektrochemischen Korrosion kommen. Dann fließt in Anwesenheit eines Elektrolyten (Wasser, Luftfeuchtigkeit) ein elektrischer Strom zwischen den Komponenten, der das Material angreift und dauerhaft schwächt.

Zu 7) A. Er ist besonders spröde.

Ein Werkstoff, der schon bei leichter Verformung bricht, ist spröde – und damit genau das Gegenteil von zäh. Die Elastizität bezieht sich auf die Eigenschaft, nach einer Verformung in den Ausgangszustand zurückzukehren, und die Viskosität beschreibt das Fließverhalten von Fluiden.

Zu 8) B. Ein besonders dünnflüssiges Öl

Dickflüssiges (viskoses) Öl bildet zwar einen vergleichsweise stabileren Schmierfilm, gelangt aber kaum an schwer zugängliche, enge Stellen. Nur ein dünnflüssiges Öl ist fließfähig (fluid) genug, um auch dorthin vorzudringen. Schnell trocknende Öle sind als Schmiermittel grundsätzlich ungeeignet.

Zu 9) D. Sintern

Zur Gruppe der Fügeverfahren zählen in der Fertigungstechnik alle Vorgänge, bei denen mehrere Bauteile dauerhaft miteinander verbunden werden: z. B. Schweißen, Löten und Kleben. Das Sintern hingegen dient der Herstellung von Bauteilen – dabei werden körnige oder pulvrige Stoffe durch Erwärmung miteinander verbunden.

Zu 10) A. Wellen übertragen Energie, Achsen nicht.

Wellen übertragen Drehbewegungen und Drehmomente – also Energie, im Gegensatz zu Achsen, die eine reine Trag- oder Lagerfunktion haben. In einem Kraftfahrzeug beispielsweise wandelt die Kurbelwelle die Auf- und Ab-Bewegungen der Kolben im Motor in eine Drehbewegung um und überträgt diese an das Getriebe. Von dort aus wird die Bewegung wiederum über eine Antriebswelle an die Räder weitergegeben, die schließlich auf Achsen gelagert sind.

Elektronik (Aufgaben 11–20)

Zu 11) D. 150 Ω

Die Einheit des elektrischen Widerstands ist das Ohm, abgekürzt durch den griechischen Buchstaben Omega (Ω). „A“ steht für „Ampere“, die Einheit der Stromstärke, und „V“ für „Volt“, die Einheit der Spannung. Das griechische Σ (Epsilon) ist das mathematische Summenzeichen.

Zu 12) D. Mit einem Kondensator

Zur Speicherung elektrischer Ladung verwendet man Kondensatoren: Bauelemente aus zwei elektrisch leitenden Platten (Elektroden) mit einem Dielektrikum – einem isolierenden Stoff wie Luft oder Keramik – dazwischen.

Zu 13) B. hängt von seiner Temperatur ab.

Als Halbleiter bezeichnet man Feststoffe, deren Leitfähigkeit stark temperaturabhängig ist. Im Bereich des absoluten Nullpunkts bei 0 Kelvin bzw. –273,15 Grad Celsius sind Halbleiter Isolatoren, ihre Leitfähigkeit wächst erst mit steigenden Temperaturen. Ein bekannter Halbleiter ist das Element Silizium.

Zu 14) A. Die Frequenz

In Hertz – nach dem deutschen Physiker Heinrich Hertz (1857–1894) – gibt man die physikalische Größe Frequenz an. Ein Hertz entspricht einer Schwingung pro Sekunde. Die Kapazität wird in Coulomb (C), die Induktivität in Henry (I) beziffert. Die Relativität ist keine klassifizierte physikalische Größe.

Zu 15) B. Transistor

Zum Schalten und Verstärken elektrischer Signale eignen sich Transistoren (vom englischen „transfer resistor" – „Leitungswiderstand"). Je nach Verwendungszweck nutzt man die Bauelemente in unterschiedlichen Ausführungen, die eines gemein haben: Sie funktionieren ohne mechanische Bewegung.

Zu 16) C. Ein elektromagnetischer Schalter

Ein Relais ist ein strombetriebener, meist elektromagnetisch funktionierender Schalter. Er besteht aus zwei Stromkreisen: Schließt man den Steuerstromkreis, zieht ein Elektromagnet an einem Schalter, der wiederum den Laststromkreis schließt.

Zu 17) A. elektrische Energie.

$E = U \times I \times \Delta t$: So lautet die Formel zur Berechnung der elektrischen Energie bei konstanter Spannung und Stromstärke. Die Einheit der elektrischen Energie ist die Wattsekunde („Ws") bzw. das Joule („J"). Zur Bestimmung der Leistung – physikalisch gesehen Energie geteilt durch Zeit – müsste man nur Spannung und Stromstärke multiplizieren.

Zu 18) C. Je höher der Widerstand bei gleichbleibender Spannung, desto geringer die Stromstärke.

Laut dem ohmschen Gesetz ist die elektrische Stromstärke (I) proportional zur Spannung (U) und umgekehrt proportional zum Widerstand (R): $I = U/R$.

Der direkte Rückschluss von der Spannung bzw. dem Widerstand auf die Stromstärke (wie bei den Antworten A und B) ist also unzulässig – man muss auch den Widerstand berücksichtigen. Da sich die unter Vorschlag D angegebene Beziehung nicht mit dem ohmschen Gesetz vereinbaren lässt, kommt nur C infrage; bei konstanter Spannung sinkt die Stromstärke mit wachsendem Widerstand.

Zu 19) B. Elektronenüberschuss

Eine Kathode ist ein elektrischer Leiter mit einem Überschuss an Elektronen. Das Gegenstück zur Kathode ist die Anode, an der Elektronenmangel herrscht. Zwischen diesen Polen wandern die Ladungsträger: Negativ geladene Anionen zieht es zur Anode, positiv geladene Kationen zur Kathode.

Zu 20) D. Ein mechanisch regulierbarer Widerstand

Ein Potentiometer ist ein elektrischer Widerstand, der sich mechanisch – durch Drehen oder Verschieben – regulieren lässt. Dadurch eignet er sich für die Steuerung elektronischer Geräte wie z. B. Radios. Aufgrund ihrer Verschleißanfälligkeit und der fortschreitenden Digitalisierung greift man mittlerweile jedoch vermehrt zu anderen Bauteilen.

IT/EDV-Kenntnisse (Aufgaben 21–30)

Zu 21) D. ist die Hauptplatine eines Computers und enthält diverse Steckplätze.

„Mainboard“, „Systemplatine“ oder „Motherboard“ nennt man die Hauptplatine eines Computers, auf der sich in der Regel folgende Systemkomponenten befinden: die CPU, der PCI-Bus mit den Slots für die Erweiterungskarten, die Steckplätze für den Arbeitsspeicher, verschiedene Schnittstellen, der Cache, die Echtzeituhr, BIOS-ROM und CMOS-RAM, die verschiedenen Controller und der Tastatur-Prozessor. Die Konzeption des Mainboards beeinflusst systemrelevante Parameter wie die Systemleistung, die Zukunftssicherheit und die Kompatibilität zu Systemkomponenten (Anschlüsse, Erweiterbarkeit).

Zu 22) D. Zur Verbindung zweier Laptops über eine größere Distanz

Bluetooth ist ein in den 1990er-Jahren entwickelter Industriestandard für die Funkvernetzung von Geräten über kurze Distanzen (WPAN) zum Ersetzen von Kabelverbindungen. Über Bluetooth können sowohl Mobiltelefone wie mobile Kleingeräte und PDAs als auch Computer und Peripheriegeräte miteinander verbunden werden.

Zu 23) C. Geräte, die an ein Netzwerk angeschlossen sind.

Eine IP-Adresse ist eine Kennziffer, die es ermöglicht, jedes Gerät in einem auf Basis des Internetprotokolls (IP) eingerichteten Netzwerk zu identifizieren. Der lange Jahre vorherrschende IPv4-Standard definiert eine IP-Adresse als 32 Bit langes Datenwort. Es besteht in der bekanntesten Notation aus vier Zahlen zwischen 0 und 255, die durch einen Punkt getrennt sind. Rechnerisch lassen sich so knapp 4,3 Milliarden Adressen darstellen. Da dieser Vorrat nicht mehr ausreicht, hat man mittlerweile das IPv6-Verfahren eingeführt: Es erlaubt 128 Bit lange Adressen in Hexadezimal-Schreibweise.

Zu 24) C. Geschwindigkeit des Prozessors

Das Kürzel GHz steht für „Gigahertz" und bezieht sich auf die Geschwindigkeit eines Mikroprozessors, bemessen an der Taktfrequenz: Darunter versteht man den Rhythmus, in dem Daten im Computer verarbeitet werden – im vorliegenden Fall sind das drei Milliarden Schwingungen pro Sekunde. Die Taktfrequenzen gängiger Mikroprozessoren haben sich seit Mitte der 1980er-Jahre von einigen Megahertz (MHz) in den Gigahertz-Bereich vervielfacht.

Zu 25) C. BASIC

„BASIC" ist die Abkürzung für „Beginners All Purpose Symbolic Instruction Code", eine der meistverbreiteten Programmiersprachen. Sie wurde 1964 entwickelt, arbeitete ursprünglich mit Zeilennummern und Sprungbefehlen und eignet sich auch für Anfänger. „TCP/IP" steht für das „Transmission Control Protocol/Internet Protocol", wegen seiner Bedeutung für das Internet auch „Internetprotokoll" genannt. Das Kürzel „CBT" („Computer Based Training", dt. „rechnerunterstützter Unterricht") steht für elektronische Lernprogramme (auch „E-Learning").

Zu 26) A. entweder den Wert 0 oder 1 annehmen.

Ein Bit ist die kleinste und grundlegende Informationseinheit in der Computertechnik. Es kann – wie ein Lichtschalter – genau einen von zwei Zuständen annehmen, die durch die Werte 0 und 1 repräsentiert werden. Die nächst größere Informationseinheit ist ein Byte, das aus acht Bits besteht.

Zu 27) A. Ein Rechnernetz

Das „Local Area Network" (LAN) ist ein lokales Rechnernetz, das größer ist als ein „Personal Area Network" (PAN) und kleiner als ein „Metropolitan Area Network" (MAN). LANs erstrecken sich in der Regel über mehrere Räume, aber selten über ein Grundstück hinaus. Zum Aufbau lokaler Netzwerke gibt es verschiedene Technologien. Am verbreitetsten ist der Ethernet-Standard, der bestimmte Kabeltypen, Stecker, Signalisierungen und Protokolle festlegt.

Zu 28) D. Für unterschiedliche Signalarten

Die Begriffe „analog“ und „digital“ bezeichnen unterschiedliche Signaltypen. Analogsignale können stufenlos jeden Wert zwischen einem Minimum und einem Maximum annehmen. Man erzeugt sie vorzugsweise durch elektrische Signale, z. B. elektrische Spannungen oder Stromstärken. Auf dieser Technik basieren unter anderem Audio- und Videokassetten. Die Digitaltechnik arbeitet stattdessen mit nur zwei festgelegten Werten (in der Regel 0 und 1), die die booleschen Konstanten „wahr“ und „falsch“ repräsentieren. Moderne Speicher- und Kommunikationssysteme wie CD-ROMs, DVDs, die Mobiltelefonie und das Internet arbeiten mit Digitalsignalen.

Zu 29) D. CNC-Maschinen.

Werkzeugmaschinen mit Computersteuerung nennt man auch „CNC-Maschinen“ – „CNC“ steht für „Computerized Numerical Control“ („computergestützte numerische Steuerung“). CNC-Maschinen erledigen Arbeitsgänge wie Fräsen, Bohren oder Schleifen auf Knopfdruck, automatisiert und hochpräzise.

Zu 30) C. Eine Computerschnittstelle

„SATA“ (auch „S-ATA“) steht für „Serial ATA“ oder auch „Serial AT Attachment“. Damit bezeichnet man eine Computerschnittstelle für den Datenaustausch mit Festplatten und anderen Speichermedien. Der Vorläufer des SATA-Standards heißt ATA („AT Attachment“) bzw. IDE („Integrated Drive Electronics“).

Arbeitssicherheit (Aufgaben 31–40)

Zu 31) A. Brandfördernder Stoff

Dieses Piktogramm ist ein Gefahrstoffsymbol und kennzeichnet brandfördernde Stoffe, die nicht mit brennenden Stoffen in Kontakt kommen dürfen. Die Kennzeichnung von Gefahrstoffen wird in Deutschland durch die Gefahrstoffverordnung geregelt und ist mittlerweile europaweit standardisiert.

Zu 32) C. Durchgang für Unbefugte untersagt

Dieses Piktogramm ist ein Verbotszeichen, das Unbefugten den Zutritt auf das gekennzeichnete Areal verbietet. Verbotszeichen richten sich in

Deutschland nach der Unfallverhütungsvorschrift der Berufsgenossenschaften.

Zu 33) D. Warnung vor Gabelstaplern

Dieses Piktogramm warnt vor Flurförderfahrzeugen (Gabelstaplern). Warnzeichen kennzeichnen Hindernisse und Gefahrstellen; ihr Aussehen und ihre Anbringung werden in Deutschland durch die Unfallverhütungsvorschrift der Berufsgenossenschaften geregelt.

Zu 34) B. Feuerlöscher

Dieses Piktogramm ist ein Brandschutzzeichen und markiert den Standort eines Feuerlöschers. Brandschutzzeichen richten sich in Deutschland nach der Verordnung für Brandschutz und Gefahrenzeichen.

Zu 35) A. Löschschlauch

Dieses Piktogramm ist ein Brandschutzzeichen und markiert den Standort eines Löschschlauchs. Brandschutzzeichen richten sich in Deutschland nach der Verordnung für Brandschutz und Gefahrenzeichen.

Zu 36) C. Rutschgefahr

Dieses Piktogramm warnt vor Rutschgefahr. Warnzeichen kennzeichnen Hindernisse und Gefahrstellen; ihr Aussehen und ihre Anbringung werden in Deutschland durch die Unfallverhütungsvorschrift der Berufsgenossenschaften geregelt.

Zu 37) B. Gehörschutz tragen

Dieses Piktogramm ist ein Gebotszeichen, das zum Tragen eines Gehörschutzes auffordert. Gebotszeichen dienen allgemein zur Unfallverhütung und zum Gesundheitsschutz und richten sich nach der Unfallverhütungsvorschrift der Berufsgenossenschaften.

Zu 38) B. Notruftelefon

Dieses Piktogramm ist ein Rettungszeichen und markiert den Standort eines Notruftelefons. Rettungszeichen richten sich in Deutschland nach der Unfallverhütungsvorschrift der Berufsgenossenschaften.

Zu 39) C. Schutzhandschuhe tragen

Dieses Piktogramm ist ein Gebotszeichen, das zum Tragen von Schutzhandschuhen auffordert. Gebotszeichen dienen allgemein zur Unfallverhütung und zum Gesundheitsschutz und richten sich nach der Unfallverhütungsvorschrift der Berufsgenossenschaften.

Zu 40) A. Verbot von offenem Feuer

Dieses Piktogramm ist ein Verbotszeichen, das das Entfachen eines offenen Feuers verbietet. Verbotszeichen richten sich in Deutschland nach der Unfallverhütungsvorschrift der Berufsgenossenschaften.

Praktisches Verständnis: Bildaufgaben (Aufgaben 41–55)

Zu 41) C. Ton 2 und Ton 3

Die Tonhöhe hängt von der Schwingungsfrequenz ab, die in Hertz gemessen wird: Bei einem Hertz findet eine vollkommene Schwingung in einer Sekunde statt, eine Zwei-Hertz-Schwingung schwingt pro Sekunde zweimal auf und ab usw. Das menschliche Gehör nimmt Töne von ungefähr 16 bis 20.000 Hertz wahr. Die Stärke des Ausschlags nach oben und unten nennt man „Amplitude" – sie gibt keinen Aufschluss über die Höhe des Tons, sondern nur über seine Lautstärke. Die Töne 1 und 2 sind also lediglich gleich laut, eine gleiche Tonhöhe beschreiben die Diagramme 2 und 3.

Zu 42) A. Mit Schraubenschlüssel 1

Um die Schraubenmutter mit möglichst wenig Mühe festzuziehen, benötigt man einen Schraubenschlüssel mit einer großen Hebelwirkung. Das heißt: Der Griff des Schraubenschlüssels sollte so lang wie möglich sein. Schraubenschlüssel 1 ist demnach der geeignetste.

Zu 43) D. 5 Ω

Abgebildet ist der Schaltkreis einer Parallelschaltung, bei der sich der Gesamtwiderstand wie folgt berechnet:

$$\frac{1}{R_{gesamt}} = \frac{1}{R_1} + \frac{1}{R_2} = \frac{1}{10\,\Omega} + \frac{1}{10\,\Omega} = \frac{2}{10\,\Omega} = \frac{1}{5\,\Omega}$$

$R_{gesamt} = 5\ \Omega$

Der Gesamtwiderstand beträgt 5 Ohm.

Zu 44) A. In Richtung 1

Werden zwei Zahnräder über eine Kette miteinander verbunden, bewegen sie sich in derselben Drehrichtung. Wenn aber ein Zahnrad in ein anderes greift und seine Rotation dadurch überträgt, dreht sich das zweite Rad im entgegengesetzten Drehsinn. Im skizzierten Mechanismus kehrt sich daher der Drehsinn einmal um: und zwar durch den Kontakt der beiden mittleren Zahnkränze. Rad B rotiert demnach entgegengesetzt zu Rad A, das sich im Uhrzeigersinn bewegt.

Zu 45) B. Das Gewicht bewegt sich nach oben.

Da beide Zahnräder gleich groß und durch eine Kette verbunden sind, laufen sie mit der gleichen Umdrehungsfrequenz und -richtung. Wird nun die Kette im Uhrzeigersinn gedreht, gibt das linke Rad etwas Band frei, das rechte wiederum spult Band auf. Da der rechte Bandnehmer jedoch durch seinen größeren Umfang pro Umdrehung mehr Band aufspult als der linke freigibt, wird das Gewicht nach oben gezogen.

Zu 46) A. 3, 4 und 8

Wenn ein Zahnrad in ein zweites greift und seine Rotation dadurch überträgt, dann dreht sich das zweite Rad im entgegengesetzten Drehsinn. Überträgt das zweite Zahnrad seine Rotation wiederum auf ein drittes, bewegt sich dieses entgegengesetzt zum zweiten, also in der gleichen Drehrichtung wie das erste. Anders ausgedrückt: In einer Kette miteinander verbundener Zahnräder rotieren immer die jeweils übernächsten im selben Drehsinn.

Geht man die Kreisläufe nach diesem Prinzip ab, rotieren links die Räder 3 und 4 im selben Drehsinn wie Rad 1 und rechts die Räder 5, 7 und 8. Von den vorgeschlagenen Antworten stimmt demnach Möglichkeit A.

Zu 47) D. Bei A4

Abgebildet ist der Schaltkreis einer Parallelschaltung, bei der grundsätzlich gilt: Die Spannung, die in den einzelnen Zweigen der Parallelschaltung anliegt, ist stets gleich groß und entspricht der Gesamtspannung des Stromkreises. Die Stromstärke jedoch teilt sich auf. Unabhängig davon, welche Stromstärken nun an den Stellen A1, A2 und A3 genau gemessen werden können, lässt sich also sagen, dass die Stromstärke bei A4 auf jeden Fall am größten sein muss.

Zu 48) D. 1 und 3

In der Skizze wird ein einfacher Stromkreis aus Widerstand (Lampen), Verbindungen (Kabel, Drähte) und Spannungsquelle (Batterien) dargestellt. Damit Strom fließen und eine Lampe leuchten kann, muss zunächst der entsprechende Stromkreis geschlossen werden. Dies kann z. B. durch die Verbindung von 1 und 2 geschehen – dann würden zwei Lampen, gespeist von vier Batterien, gleich hell leuchten. Durch den Kurzschluss von 1 und 3 würden sich wiederum die beiden rechten Lampen in einem funktionsfähigen Stromkreis befinden: Da die zweite Lampe von rechts zusätzlich zum Vierer-Batterieblock noch durch eine in Parallelschaltung gesetzte Batterie gespeist wird, erstrahlt diese am hellsten.

Zu 49) C. Würfel 1 besitzt die größte Dichte.

Um die Dichte *ρ* eines Körpers zu berechnen, teilt man seine Masse *m* durch sein Volumen *V*:

$$\rho = \frac{m}{V}$$

Da alle skizzierten Würfel zwar die gleiche Masse, aber offensichtlich unterschiedliche Rauminhalte haben, müssen sich ihre Dichten unterscheiden: je kleiner das Volumen bei gleichbleibender Masse, desto höher die Dichte. Die größte Dichte hat demnach der Körper mit dem geringsten Volumen, also Würfel 1.

Zu 50) D. Rad 5

Eine Antriebskette bewegt sich mit der gleichen Eigengeschwindigkeit um jedes der mit ihr verbundenen Zahnräder. Verbindet sie zwei gleich große Räder, laufen beide gleich schnell. Verbindet sie jedoch Räder unterschiedlicher Größe, läuft das kleinere stets schneller um die eigene Achse als das größere: Wenn sich beispielsweise ein Rad mit einem Umfang von einem Meter einmal dreht, wird auch die Kette um einen Meter weiterbewegt. Überträgt sie nun diese Bewegung auf ein Rad mit einem Umfang von nur einem halben Meter, muss dieses Rad folgerichtig zweimal vollständig rotieren. Zusätzlich gilt: Ist ein Zahnrad starr an einem weiteren Zahnrad befestigt (wie z. B. Rad 2), bewegen sich beide in gleichen Zeiten um die eigene Achse, ihre Umdrehungsfrequenz ist also gleich.

Einen Größenunterschied findet man in der Skizze zunächst zwischen Rad 1 und Rad 2, das sich demnach schneller dreht. Da Rad 2 an einem größeren Rad befestigt ist, besitzen beide die gleiche Umdrehungsfrequenz. Darin entsprechen sie dem äußerst rechten Zahnrad, dem Rad, an dem Rad 3 befestigt ist, und schließlich auch Rad 3 selbst. Von Rad 3 nach 4 und besonders stark von 4 nach 5 nimmt die Geschwindigkeit durch den Größenunterschied allerdings ab. Somit rotiert Zahnrad 5 am langsamsten, noch langsamer als Rad 1.

Zu 51) B. Wie in Skizze 2

Die zwei Platten (Elektroden) eines Kondensators speichern unterschiedliche Ladungen: Eine Platte ist positiv, die andere negativ geladen. Der zwischenliegende Isolator – in diesem Fall das Glas – verhindert, dass es zu einem Ladungsaustausch kommt. Das Glas wird dabei polarisiert, d. h.

zur Positiv-Elektrode hin negativ und zur Negativ-Elektrode hin positiv geladen.

Zu 52) D. Die Federn 6 und 11

Wie stark eine Feder durch das Anhängen einer Last ausgelenkt („gedehnt") wird, bestimmt sich durch die angehängte Masse und die rücktreibende Kraft der Feder, die sogenannte „Federkonstante". Da alle Federn identisch sind und dieselbe rücktreibende Kraft besitzen, hängen Unterschiede in ihrer Auslenkung nur von der jeweils anliegenden Masse ab.

Wenn Federn „in Reihe" aneinander gehängt werden, liegt an jeder Feder die gesamte Last der angehängten Stahlkugeln an. Nehmen mehrere parallel gehängte Federn die Last einer angehängten Masse auf, verteilt sich die Gewichtskraft der Last und die Auslenkung dieser Federn ist geringer.

Auf die Federn 1 bis 3 verteilt sich die Last von insgesamt vier Kugeln, an den Federn 7, 8 und 9 zerren ebenfalls vier Kugeln und an den Federn 4, 5 und 10 sind jeweils zwei Kugeln angehängt. Die Federn 6 und 11 werden jedoch nur durch die Kraft von jeweils einer Kugel gedehnt.

Zu 53) B. In Richtung 2

Werden zwei Räder durch Riemen verbunden, drehen sie sich in derselben Richtung. Anders jedoch, wenn der Riemen gekreuzt wird – dann kommt es zu einem Wechsel des Drehsinns.

Zu 54) D. Wird der Hebel nach unten gedrückt, strömt das Wasser in den Eimer.

In der abgebildeten Stellung befindet sich der Pumphebel an seiner tiefsten Position. Zieht man ihn nach oben, drückt der Pumpkolben gegen das Wasser, das wiederum die Klappe aufdrückt und durch die Leitung in den Eimer fließt. Das Ventil bleibt dabei geschlossen (Antworten A und B sind korrekt). Hat der Hebel seine höchste Position erreicht, enthält der Pumpzylinder praktisch kein Wasser mehr. Drückt man den Pumphebel nun wieder nach unten, bewegt sich der Pumpkolben nach oben, und im Pumpzylinder entsteht ein Unterdruck. Dadurch wird die Klappe in ihre Verschlussposition gezogen und es fließt kein Wasser mehr in den Eimer (Antwort D ist falsch). Dafür öffnet sich das Ventil, sodass Wasser von unten in den Behälter nachströmen kann (Antwort C stimmt).

Zu 55) **C.** 40 V

Es gilt das ohmsche Gesetz:

U (elektrische Spannung) = R (elektrischer Widerstand) × I (elektrischer Strom)

Laut Aufgabenstellung also:

$U_1 = 10\,\Omega \times I_1$

$U_2 = 20\,\Omega \times I_2$

Da es sich in dieser Aufgabe um eine Reihenschaltung handelt, bei der durch alle Widerstände derselbe Strom fließt ($I_1 = I_2$), verdoppelt sich mit dem Widerstand auch die Spannung. Am zweiten Widerstand liegen also 40 Volt an.

Sprachbeherrschung

Welche Schreibweise stimmt? *Bearbeitungszeit 5 Minuten*

Dieser Abschnitt prüft Ihre Rechtschreibkenntnisse.

Wie wird das Wort richtig geschrieben? Bearbeiten Sie bitte die folgenden Aufgaben, indem Sie jeweils den Lösungsbuchstaben der korrekten Schreibweise markieren.

1)

A. Hydraulick
B. Hüdraulick
C. Hüdraulik
D. Hydraulik
E. Keine Antwort ist richtig.

2)

A. kohärent
B. koherent
C. koerent
D. koherenz
E. Keine Antwort ist richtig.

3)

A. Dünamo
B. Dynamo
C. Dynahmo
D. Dyhnamo
E. Keine Antwort ist richtig.

4)

A. endgültig
B. entgültig
C. endgültik
D. endgüldik
E. Keine Antwort ist richtig.

5)

A. allmehlich
B. allmälich
C. allmählich
D. almählich
E. Keine Antwort ist richtig.

6)

A. Therapeut
B. Therapaut
C. Terapeut
D. Terrapeut
E. Keine Antwort ist richtig.

7)

A. Animateur
B. Annimateur
C. Animatör
D. Annimatör
E. Keine Antwort ist richtig.

8)

A. Metalerzeugungsprozes
B. Metallerzeugungsprozes
C. Metalerzeugungsprozess
D. Metallerzeugungsprozess
E. Keine Antwort ist richtig.

9)

A. Rababer
B. Rharbarber
C. Rhabarber
D. Rarbarber
E. Keine Antwort ist richtig.

10)

A. Agregat
B. Aggregat
C. Aggregatt
D. Agreggat
E. Keine Antwort ist richtig.

Rechtschreibung: Wortgruppen und kurze Sätze *Bearbeitungszeit 5 Minuten*

Bearbeiten Sie bitte die folgenden Aufgaben, indem Sie jeweils den Lösungsbuchstaben des korrekt geschriebenen Vorschlags markieren.

11)

A. Am Samstag und sonntags ist geschlossen.
B. Am Samstag und sonntags ist geschlosen.
C. Am Samstag und Sonntags ist geschlossen.
D. Am Samstag und sontags ist geschlossen.
E. Keine Antwort ist richtig.

12)

A. Es geht Früh am Morgen los.
B. Es geht früh am Morgen los.
C. Es geht Früh am morgen los.
D. Es geht früh am morgen los.
E. Keine Antwort ist richtig.

13)

A. Der Stantard unserer Gesellschaft ist hoch.
B. Der Standard unserer Geselschaft ist hoch.
C. Der Stantard unserer Gesellschaft ist hoch.
D. Der Standard unserer Gesellschaft ist hoch.
E. Keine Antwort ist richtig.

14)

A. Die Schahle schält man besser ab.
B. Die Schale schält man besser ab.
C. Die Schahle schelt man besser ab.
D. Die Schale schelt man besser ab.
E. Keine Antwort ist richtig.

15)

A. peimliches Managment
B. peinliches Managment
C. peimliches Management
D. peinliches Management
E. Keine Antwort ist richtig.

16)

A. eine irrsinnige Situation
B. eine irsinnige Situation
C. eine irrsinige Situation
D. eine irrsinnige Sittuation
E. Keine Antwort ist richtig.

17)

A. die falsche Interprätation einer Aussage
B. die falsche Interprätation einer Ausage
C. die falsche Inerpretation einer Aussage
D. die falsche Interpretation einer Aussage
E. Keine Antwort ist richtig.

18)

A. großer Wiederstand
B. großer Widerstand
C. großer Widerstant
D. großer Wiederstant
E. Keine Antwort ist richtig.

19)

A. computerinteressierte Mänschen
B. computerinteresierte Menschen
C. komputerinteressierte Menschen
D. computerinteressierte Menschen
E. Keine Antwort ist richtig.

20)

A. eine Jalousi aus Leichtmetall
B. eine Jalousie aus Leichtmetal
C. eine Jalousie aus Leichtmetall
D. eine Jalusie aus Leichtmetall
E. Keine Antwort ist richtig.

Präpositionen: Lückentext

Bearbeitungszeit 3 Minuten

Welche Präposition füllt die Lücke sinnvoll? Bitte tragen Sie die jeweils richtige Lösung ein.

21) über, wegen, mit

Ich freue mich ______________ unseren Besuch!

22) Laut, Trotz, Neben

______________ der Panne war es ein gelungener Abend!

23) In, Seit, Während

______________ des Films fiel plötzlich der Strom aus.

24) außer, ohne, mit

Onkel Horst kam ______________ seinen kleinen Dackel.

25) In, An, Auf

______________ der Situation habe ich mich wirklich gefürchtet!

26) statt, während, vor

Ich werde ______________ der Prüfung eine halbe Stunde meditieren.

27) in, am, neben

Sie hat ______________ Shoppingcenter ihre Kreditkarte verloren.

28) in, außer, bei

Er war vor Empörung ______________ sich!

29) an, zu, durch

Sie liebt alles ____________ ihm.

30) mit, laut, zu

Ich möchte ____________ dem Thema noch etwas sagen!

Konjugieren und deklinieren *Bearbeitungszeit 10 Minuten*

Zu jeder Aufgabe erhalten Sie ein Wort oder eine Wortgruppe. Ihre Aufgabe lautet, die Begriffe in die richtige grammatische Form zu bringen, um den Aufgabensatz zu vervollständigen.

Hierzu ein Beispiel

Aufgabe

1) ein langer Weg

Er hat ______________________ hinter sich.

Antwort

Er hat einen langen Weg hinter sich.

Die Wortgruppe „ein langer Weg" ist in den Akkusativ zu setzen, damit sich ein grammatisch korrekter Satz ergibt.

Bitte beginnen Sie jetzt mit den Aufgaben: Schreiben Sie den vorgegebenen Ausdruck in der richtigen grammatischen Form in die Lücke.

31) ein kleiner Bach

Der Hund sprang über ____________________________.

32) der Stuhl | der Schrank

Sie stand auf _______________ und versuchte, einen Karton auf

__________________ zu schieben.

33) deine schnelle Hilfe

Dank ______________________________________ geht es mir schon

wieder viel besser.

34) die Bürgermeisterin

Der Wagen ______________________ wurde gestohlen.

35) mein neuer Nachbar

Ich kann ______________________ nicht leiden!

36) die meisten Menschen

______________________ fällt es schwer, auf Süßigkeiten zu verzichten.

37) diese ganzen Vorfälle

Nach ______________________ möchte er nicht länger in der Firma arbeiten.

38) gehen | lassen

__________ in dein Zimmer und __________ mich in Ruhe!

39) der Vertrag

Entgegen ______________ erfüllte er seine Pflichten nicht.

40) das schlechte Wetter

Aufgrund ______________________ fällt heute die Schule aus.

41) unser umtriebiger Cousin

Ohne ______________________________ hätte der Zirkusbesuch nicht stattgefunden.

42) diese Umstände

Unter ______________________ sollten wir möglichst schnell handeln.

43) aufhängen

Sie hat noch schnell die frische Wäsche zum Trocknen ______________.

44) gehen

Wenn du nicht so früh nach Hause ____________________, hättest du das Feuerwerk auch gesehen.

45) geeignetes Werkzeug

Mangels ______________________________ konnte er die Reparatur nicht durchführen.

Pluralformen bilden

Bearbeitungszeit 7½ Minuten

Bitte bilden Sie die Pluralformen der folgenden Sätze. Dabei ist – wenn inhaltlich möglich – **jedes vorkommende Substantiv** in die Mehrzahl zu setzen.

Hierzu ein Beispiel

Aufgabe

1) Der Fisch schwimmt im Teich.

Antwort

Die Fische schwimmen in den Teichen.

Bitte bearbeiten Sie nun die Aufgaben: Bilden Sie die Pluralformen.

46) Die Schwester singt.

47) Der Bruder spielt mit dem Hund.

48) Der Koch arbeitet.

49) Die Polizistin verfolgt den Dieb.

50) Die Kuh steht auf der Weide.

51) Der Arzt verschreibt ein Arzneimittel.

52) Das Krankenhaus hat viele Betten.

____

53) Das Haus befindet sich in Graz.

____

54) Dort drüben wartet die Staatsanwältin.

____

55) Du hast Geschenke gekauft.

____

Kommasetzung *Bearbeitungszeit 7½ Minuten*

In diesem Abschnitt geht es darum, die richtige Kommasetzung zu erkennen.

Bearbeiten Sie bitte die folgenden Aufgaben, indem Sie jeweils den Lösungsbuchstaben des korrekt interpunktierten Satzes markieren.

56)

A. Auch wenn das Buch sehr gut sein soll, ist es für meine Zwecke nicht nützlich.

B. Auch wenn das Buch sehr gut sein soll ist es für meine Zwecke nicht nützlich.

C. Auch, wenn das Buch sehr gut sein soll, ist es für meine Zwecke nicht nützlich.

D. Auch wenn das Buch sehr gut sein soll, ist es für meine Zwecke, nicht nützlich.

E. Keine Antwort ist richtig.

57)

A. Wenn sie nur an ihren Ausbildungsplatz dachte wurde sie schon ganz froh.

B. Wenn sie nur an ihren Ausbildungsplatz dachte, wurde sie schon ganz froh.

C. Wenn sie, nur an ihren Ausbildungsplatz dachte, wurde sie schon ganz froh.

D. Wenn sie, nur an ihren Ausbildungsplatz dachte wurde sie schon ganz froh.

E. Keine Antwort ist richtig.

58)

A. Sicherlich können nicht alle Bedingungen eingehalten werden weil sehr oft der Verlauf von anderen Faktoren beeinflusst wird die von uns als gegeben betrachtet werden müssen.

B. Sicherlich können nicht alle Bedingungen eingehalten werden, weil sehr oft der Verlauf von anderen Faktoren beeinflusst wird die von uns als gegeben betrachtet werden müssen.

C. Sicherlich können nicht alle Bedingungen eingehalten werden weil sehr oft der Verlauf von anderen Faktoren beeinflusst wird, die von uns als gegeben betrachtet werden müssen.

D. Sicherlich können nicht alle Bedingungen eingehalten werden, weil sehr oft der Verlauf von anderen Faktoren beeinflusst wird, die von uns als gegeben betrachtet werden müssen.

E. Keine Antwort ist richtig.

59)

A. Wenn du nicht willst, dass man dich findet, dann musst du dich sehr gut verstecken.

B. Wenn du nicht willst dass man dich findet dann musst du dich sehr gut verstecken.

C. Wenn du nicht willst, dass man dich findet dann, musst du dich sehr gut verstecken.

D. Wenn du nicht willst, dass man dich findet, dann musst du dich, sehr gut verstecken.

E. Keine Antwort ist richtig.

60)

A. Nicht derjenige, der den geringsten Aufwand betreibt, ist ein aussichtsreicher Bewerber, sondern derjenige, der es versteht, die richtigen Inhalte zu lernen und zu verstehen.

B. Nicht derjenige der den geringsten Aufwand betreibt, ist ein aussichtsreicher Bewerber, sondern derjenige, der es versteht, die richtigen Inhalte zu lernen und zu verstehen.

C. Nicht derjenige, der den geringsten Aufwand betreibt ist ein aussichtsreicher Bewerber, sondern derjenige, der es versteht die richtigen Inhalte zu lernen und zu verstehen.

D. Nicht derjenige der den geringsten Aufwand betreibt, ist ein aussichtsreicher Bewerber, sondern derjenige der es versteht die richtigen Inhalte zu lernen und zu verstehen.

E. Keine Antwort ist richtig.

61)

A. Man kann davon ausgehen, dass das Bild, das man von sich selbst hat oft ein Wunschbild ist.

B. Man kann davon ausgehen, dass das Bild, das man von sich selbst hat, oft ein Wunschbild ist.

C. Man kann davon ausgehen dass das Bild, das man von sich selbst hat, oft ein Wunschbild ist.

D. Man kann davon ausgehen, dass das Bild das man von sich selbst hat, oft ein Wunschbild ist.

E. Keine Antwort ist richtig.

62)

A. Herr Mayer, ist sich sicher, dass sein neues Geschäft erfolgreich sein wird, in das er viel Mühe investiert hat.

B. Herr Mayer ist, sich sicher, dass sein neues Geschäft erfolgreich sein wird in das er viel Mühe investiert hat.

C. Herr Mayer ist sich sicher, dass sein neues Geschäft erfolgreich sein wird, in das er viel Mühe investiert hat.

D. Herr Mayer ist sich sicher, dass sein neues Geschäft erfolgreich sein wird in das er viel Mühe investiert hat.

E. Keine Antwort ist richtig.

63)

A. Am Montag, den 28. Juli, habe ich einen Arzttermin.

B. Am Montag den 28. Juli habe ich einen Arzttermin.

C. Am Montag den 28. Juli, habe ich einen Arzttermin.

D. Am Montag den, 28. Juli, habe ich einen Arzttermin.

E. Keine Antwort ist richtig.

64)

A. Begründen Sie bitte, warum Sie Mechatroniker werden, möchten!

B. Begründen Sie bitte, warum Sie Mechatroniker werden möchten!

C. Begründen Sie bitte warum Sie Mechatroniker werden möchten!

D. Begründen Sie, bitte warum Sie Mechatroniker werden möchten!

E. Keine Antwort ist richtig.

65)

A. Man schätzt dass das menschliche Gehirn in der Lage ist das Wissen einer umfangreichen Bibliothek mit tausenden von Büchern zu speichern.

B. Man schätzt, dass das menschliche Gehirn in der Lage ist das Wissen einer umfangreichen Bibliothek mit tausenden von Büchern zu speichern.

C. Man schätzt dass das menschliche Gehirn in der Lage ist, das Wissen einer umfangreichen Bibliothek mit tausenden von Büchern zu speichern.

D. Man schätzt, dass das menschliche Gehirn in der Lage ist, das Wissen einer umfangreichen Bibliothek mit tausenden von Büchern zu speichern.

E. Keine Antwort ist richtig.

Ein Wort fällt aus der Reihe

Bearbeitungszeit 5 Minuten

In diesem Abschnitt steht Ihr Sprachgefühl auf dem Prüfstand.

Pro Aufgabe erhalten Sie fünf Wörter, wovon vier sich in einer gewissen Weise entsprechen. Ein Begriff passt nicht in die Reihe – bitte markieren Sie den zugehörigen Lösungsbuchstaben.

Hierzu ein Beispiel

Aufgabe

1)

A. Motorrad
B. Personenkraftwagen
C. Lastkraftwagen
D. Traktor
E. Rose

Antwort

(E.) Rose

Bei den ersten vier Antworten handelt es sich um Kraftfahrzeuge. Bei der fünften Antwort handelt es sich um eine Pflanze. „Rose" passt nicht – Lösungsbuchstabe ist daher das E.

Bitte bearbeiten Sie nun die Aufgaben: Markieren Sie jeweils den Lösungsbuchstaben des aus der Reihe fallenden Wortes.

66)

A. Deutscher Meister
B. Europameister
C. Weltmeister
D. Hausmeister
E. Olympiasieger

67)

A. Boutique
B. Geschäft
C. Stadion
D. Kiosk
E. Kaufhaus

68)

A. Wasser
B. Regen
C. nass
D. feucht
E. trocken

69)

A. Maler
B. Lackierer
C. Musiker
D. Tänzer
E. Bildhauer

70)

A. müssen
B. dürfen
C. kennen
D. wollen
E. sollen

71)

A. erklecklich
B. beträchtlich
C. außerordentlich
D. unerheblich
E. immens

72)

A. Amsel
B. Buchfink
C. Rotkehlchen
D. Zaunkönig
E. Huhn

73)

A. Barhocker
B. Lehne
C. Bank
D. Klappstuhl
E. Sofa

74)

A. Pullover
B. Jeanshose
C. Rock
D. Unterhose
E. Mantel

75)

A. Treppe
B. Eingangstür
C. Fenster
D. Boden
E. Büro

Gegenteilige Begriffe

Bearbeitungszeit 5 Minuten

Ordnen Sie jedem Wort den gegenteiligen Begriff aus der rechten Spalte zu, indem Sie den richtigen Lösungsbuchstaben in das Kästchen eintragen.

Begriffe		A–J	Gegenteilige Begriffe	
76)	Problem	____	**A.**	Diebstahl
77)	Frage	____	**B.**	Lösung
78)	Weg	____	**C.**	Sicherheit
79)	Beruf	____	**D.**	Ziel
80)	Lyrik	____	**E.**	Einzelperson
81)	Risiko	____	**F.**	Antwort
82)	Vortrag	____	**G.**	Gespräch
83)	Gruppe	____	**H.**	Opfer
84)	Täter	____	**I.**	Hobby
85)	Geschenk	____	**J.**	Prosa

Sprichwörter

Bearbeitungszeit 5 Minuten

Nun geht es darum, Sprichwörter zu vervollständigen.

Beantworten Sie bitte die folgenden Aufgaben, indem Sie jeweils den Lösungsbuchstaben des einzusetzenden Wortes markieren.

86) Es ist alles Jacke wie _____.

A. Pullover
B. Jeans
C. Schuhe
D. Hose
E. Keine Antwort ist richtig.

87) Wenn zwei sich streiten, freut sich der _____.

A. Anwalt
B. Richter
C. Dritte
D. Kläger
E. Keine Antwort ist richtig.

88) Der _____ macht die Musik.

A. Sänger
B. Produzent
C. Pianist
D. Ton
E. Keine Antwort ist richtig.

89) Noch ist _____ nicht verloren.

A. alles
B. die Hoffnung
C. das Geld
D. Polen
E. Keine Antwort ist richtig.

90) Wie man in den Wald hinein _____, so schallt es heraus.

A. schreit
B. singt
C. ruft
D. spricht
E. Keine Antwort ist richtig.

91) _____ soll man nicht aufhalten.

A. Kinder
B. Künstler
C. Irrende
D. Reisende
E. Keine Antwort ist richtig.

92) Jede _____ hat zwei Seiten.

A. Wand
B. Fläche
C. Münze
D. Wurst
E. Keine Antwort ist richtig.

93) Der Teufel ist ein _____.

A. Eichhörnchen
B. Rindvieh
C. Mädchen
D. Verführer
E. Keine Antwort ist richtig.

94) Bei ____ Wasser kann jeder leicht Steuermann sein.

A. flachem
B. warmem
C. salzigem
D. ruhigem
E. Keine Antwort ist richtig.

95) Früh krümmt sich, was ein ____ werden will.

A. Häkchen
B. Buckel
C. Lehrling
D. Tänzer
E. Keine Antwort ist richtig.

Sätze umformulieren *Bearbeitungszeit 5 Minuten*

Im Folgenden geht es darum, umständlich ausgedrückte Sachverhalte mithilfe eines einzigen treffenden Verbs wiederzugeben.

Bitte füllen Sie jede Lücke mit dem passenden Wort aus der vorliegenden Liste, sodass sich sinngemäß der Inhalt des jeweiligen Aufgabensatzes ergibt.

Beachten Sie, dass jedes Wort nur einmal verwendet werden darf.

Bearbeitungshinweis

Lesen Sie sich den jeweils vorgegebenen Satz sorgfältig durch und gehen Sie dann die Wörterliste durch. Das passende Verb haben Sie gefunden, wenn sich der Sachverhalt dadurch richtig darstellen lässt. Achten Sie dabei auch auf Person, Zahl und Zeitform. Danach streichen Sie das verwendete Wort am besten aus der Liste, da jeder Begriff nur einmal genutzt werden darf.

Jedes in den Lückentexten fehlende Verb ist ausschließlich der Wörterliste zu entnehmen – ansonsten ist die Aufgabe nicht richtig gelöst.

Wörterliste

eingelaufen | normiert | veranlasste | reformiert | ergeben
vergeudet | heuchelte | erbarmte | auslaufen | reduzieren

96) Der unzufriedene Gast erreichte, dass der Betrieb genau kontrolliert wurde.

Der unzufriedene Gast ________________ eine genaue Kontrolle des Betriebs.

97) Er ist mit seinem Geld sehr verschwenderisch umgegangen.

Er hat sein Geld ________________.

98) Sie half ihm aus Mitleid.

Sie ________________ sich seiner.

99) Nach Stunden ließen sich die Täter endlich widerstandslos festnehmen.

Nach Stunden haben sich die Täter endlich ________________.

100) Der teure Pullover ist in der Waschmaschine kleiner geworden.

Der teure Pullover ist in der Waschmaschine ________________.

101) Wir haben gerade beschlossen, weniger Geld auszugeben.

Wir haben gerade beschlossen, unsere Ausgaben zu

________________.

102) Das System soll neu gestaltet werden.

Das System soll ________________ werden.

103) Trotz des schlechten Wetters konnte das Schiff schließlich den Hafen verlassen.

Trotz des schlechten Wetters konnte das Schiff schließlich

________________.

104) Die Farben und Formen der Produkte sind einheitlich festgelegt.

Die Farben und Formen der Produkte sind ________________.

105) Sie tat so, als würde sein Geschwätz sie interessieren.

Sie ________________ Interesse an seinem Geschwätz.

Textverständnis *Bearbeitungszeit 10 Minuten*

Ihnen liegt ein Auszug der Studie „Umweltbewusstsein in Deutschland 2020" des Bundesministeriums für Umwelt, Naturschutz, nukleare Sicherheit und Verbraucherschutz vor. Darin werden die Ergebnisse einer Bevölkerungsbefragung zum Thema Umweltschutz vorgestellt.

Bitte lesen Sie sich den Text aufmerksam durch, um die nachfolgenden Aufgaben zum Inhalt beantworten zu können.

Umwelt- und Klimaschutz zählt weiterhin zu den wichtigsten Anliegen

Die Zeit vor und während der aktuellen Erhebung war stark von der Corona-Pandemie bestimmt. Trotzdem verliert das Thema Umwelt- und Klimaschutz nicht an Bedeutung. Wie in den Jahren zuvor stufen zwei Drittel der Befragten dieses Thema als „sehr wichtig" ein. Eine etwas höhere Bedeutung wird aktuell nur dem „Zustand des Bildungswesens" und dem „Zustand des Gesundheitswesens" eingeräumt. [...]

Diese beiden Themen erachten jeweils etwa drei Viertel der Befragten als sehr wichtig. Mit etwa zehn Prozentpunkten Abstand folgen neben „Umwelt- und Klimaschutz" die Themen „soziale Gerechtigkeit" und „Verlauf und Folgen der Corona-Pandemie" (nur 2020), die für jeweils etwa zwei Drittel der Befragten sehr wichtig sind. Ebenso rücken im Vergleich zu 2019 die „wirtschaftliche Entwicklung" (44 Prozent) und die „Arbeitslosigkeit" (43 Prozent) stärker in den Vordergrund. Angesichts der wirtschaftlichen Folgen der Corona-Krise ist das wenig überraschend. [...] Dagegen verliert das Thema „Zuwanderung und Integration" (35 Prozent) für die Befragten weiter an Bedeutung. Im Jahr 2016 lag es mit zwei Dritteln Zustimmung deutlich weiter vorne. [...]

Rund 80 Prozent der Befragten sehen die Lebensgrundlage in Deutschland durch den Klimawandel bedroht. Entsprechend sind nur etwa 20 Prozent der Ansicht, vieles werde sehr übertrieben, wenn es um die Folgen des Klimawandels geht. Eine Verharmlosung oder gar Leugnung findet also lediglich in relativ geringem Umfang statt.

Quelle: Bundesministerium für Umwelt, Naturschutz, nukleare Sicherheit und Verbraucherschutz

Bitte prüfen Sie nun die folgenden Aussagen auf ihre Richtigkeit. Kreuzen Sie **„stimmt“** an, wenn sich eine Aussage durch den Text belegen lässt. Andernfalls markieren Sie **„stimmt nicht“**.

106) Rund ein Drittel der deutschen Bevölkerung ist mit der Umweltqualität in Deutschland zufrieden.

☐ stimmt ☐ stimmt nicht

107) Umweltschutz ist für rund drei Viertel der Befragten wichtiger als die Themen Zustand des Bildungswesens sowie Zustand des Gesundheitswesens.

☐ stimmt ☐ stimmt nicht

108) 2016 wurde das Thema Zuwanderung und Integration als ungefähr gleich wichtig eingeschätzt wie 2020 das Thema Umwelt- und Klimaschutz.

☐ stimmt ☐ stimmt nicht

109) Die größte Bedrohung der Umwelt geht hierzulande für 80 Prozent der Befragten vom Klimawandel und seinen Folgen aus.

☐ stimmt ☐ stimmt nicht

110) Durch die ökonomischen Folgen der Corona-Pandemie gewinnen Themen wie wirtschaftliche Entwicklung und Arbeitslosigkeit an Bedeutung.

☐ stimmt ☐ stimmt nicht

Lösungen: Sprachbeherrschung

1) D
2) A
3) B
4) A
5) C
6) A
7) A
8) D
9) C
10) B
11) A
12) B
13) D
14) B
15) D
16) A
17) D
18) B
19) D
20) C
21) über
22) Trotz
23) Während
24) ohne
25) In
26) vor
27) am
28) außer
29) an
30) zu
31) einen kleinen Bach
32) dem Stuhl | den Schrank
33) deiner schnellen Hilfe
34) der Bürgermeisterin
35) meinen neuen Nachbarn
36) Den meisten Menschen
37) diesen ganzen Vorfällen
38) Geh | lass
39) dem Vertrag
40) des schlechten Wetters
41) unseren umtriebigen Cousin
42) diesen Umständen
43) aufgehängt
44) gegangen wärst
45) geeigneten Werkzeugs
46)
47)
48) siehe
49) Erklärung
50)
51)
52)
53) siehe
54) Erklärung
55)
56) A
57) B
58) D
59) A
60) A
61) B
62) C
63) A
64) B
65) D
66) D
67) C
68) E
69) B
70) C
71) D
72) E
73) B
74) D
75) E
76) B
77) F
78) D
79) I
80) J
81) C

82) G	92) C	102) reformiert
83) E	93) A	103) auslaufen
84) H	94) D	104) normiert
85) A	95) A	105) heuchelte
86) D	96) veranlasste	106) stimmt nicht
87) C	97) vergeudet	107) stimmt nicht
88) D	98) erbarmte	108) stimmt
89) D	99) ergeben	109) stimmt nicht
90) C	100) eingelaufen	110) stimmt
91) D	101) reduzieren	

Welche Schreibweise stimmt? (Aufgaben 1–10)

Zu 1) **D.** Hydraulik

Zu 2) **A.** kohärent

Zu 3) **B.** Dynamo

Zu 4) **A.** endgültig

Zu 5) **C.** allmählich

Zu 6) **A.** Therapeut

Zu 7) **A.** Animateur

Zu 8) **D.** Metallerzeugungsprozess

Zu 9) **C.** Rhabarber

Zu 10) **B.** Aggregat

Rechtschreibung: Wortgruppen und kurze Sätze (Aufgaben 11–20)

Zu 11) **A.** Am Samstag und sonntags ist geschlossen.

Lösungsvorschlag A ist korrekt: Das Substantiv „Samstag" schreibt man groß, das Temporaladverb „sonntags" klein, das Wort „geschlossen" mit zwei „s".

Zu 12) **B.** Es geht früh am Morgen los.

Lösungsvorschlag B ist korrekt: Das Substantiv „Morgen" schreibt man groß, das Temporaladverb „früh" klein.

Zu 13) **D.** Der Standard unserer Gesellschaft ist hoch.

Nur in Lösungsvorschlag D sind die Wörter „Standard" und „Gesellschaft" richtig geschrieben.

Zu 14) **B.** Die Schale schält man besser ab.

Nur in Lösungsvorschlag B sind die Wörter „Schale" und das davon abgeleitete „schält" richtig geschrieben.

Zu 15) **D.** peinliches Management

Nur in Lösungsvorschlag D sind die Wörter „peinliches" und „Management" richtig geschrieben.

Zu 16) **A.** eine irrsinnige Situation

Nur in Lösungsvorschlag A sind die Wörter „irrsinnige" und „Situation" richtig geschrieben.

Zu 17) **D.** die falsche Interpretation einer Aussage

Nur in Lösungsvorschlag D sind die Wörter „Interpretation" und „Aussage" richtig geschrieben.

Zu 18) **B.** großer Widerstand

Nur in Lösungsvorschlag B ist das Wort „Widerstand" richtig geschrieben. Der Wortbestandteil „wider" leitet sich hier nicht von „wieder" (im Sinne von „erneut") ab, sondern von „wider" („gegen", „entgegen").

Zu 19) **D.** computerinteressierte Menschen

Nur in Lösungsvorschlag D sind die Wörter „computerinteressierte" und „Menschen" richtig geschrieben.

Zu 20) **C.** eine Jalousie aus Leichtmetall

Nur in Lösungsvorschlag C sind die Wörter „Jalousie" und „Leichtmetall" richtig geschrieben.

Präpositionen: Lückentext (Aufgaben 21–30)

Zu 21) Ich freue mich ***über*** unseren Besuch!

„Wegen" zieht einen Dativ oder Genitiv nach sich, „mit" wird mit einem Dativ kombiniert. Da die Substantivgruppe „unseren Besuch" im Akkusativ steht, kommt nur die Präposition „über" infrage.

Zu 22) ***Trotz*** der Panne war es ein gelungener Abend.

Grammatisch würden alle drei Präpositionen in den Satz passen, „laut" und „neben" ergeben aber inhaltlich keinen Sinn.

Zu 23) ***Während*** des Films fiel plötzlich der Strom aus.

Nach „in" folgt ein Dativ oder Akkusativ, „seit" wird mit Dativ kombiniert. Die Substantivgruppe „des Films" steht jedoch im Genitiv, daher kommt nur „während" infrage.

Zu 24) Onkel Horst kam _ohne_ seinen kleinen Dackel.

„Mit" und „außer" erfordern einen Dativ und entfallen daher aus grammatischen Gründen.

Zu 25) _In_ der Situation habe ich mich wirklich gefürchtet!

Grammatisch passen alle Präpositionen, aber nur mit „in" ergibt sich ein sinnvoller Satz.

Zu 26) Ich werde _vor_ der Prüfung eine halbe Stunde meditieren.

Rein grammatisch betrachtet lässt sich keine Präposition ausschließen, „statt" und „während" passen jedoch inhaltlich nicht.

Zu 27) Sie hat _am_ Shoppingcenter ihre Kreditkarte verloren.

Den Präpositionen „in" und „neben" fehlt ein Artikel, damit ein korrekter Satz entsteht. In „am" („an"+„dem") ist der Artikel schon enthalten.

Zu 28) Er war vor Empörung _außer_ sich!

„Außer sich sein" ist ein feststehender Ausdruck, „in" und „bei" passen hier nicht.

Zu 29) Sie liebt alles _an_ ihm.

„Durch" ist inhaltlich und grammatisch fragwürdig (erforderlich wäre der Akkusativ), „zu" ergibt keinen Sinn.

Zu 30) Ich möchte _zu_ dem Thema noch etwas sagen!

Die Präpositionen „mit" und „laut" würden zwar grammatisch passen, können den Satz aber nicht sinnvoll ergänzen.

Erläuterung (Aufgaben 21–30)

Präpositionen heißen auch „Verhältniswörter", weil sie Beziehungen zwischen Wörtern oder Wortgruppen wiedergeben: Sie drücken zum Beispiel zeitliche (temporale) oder örtliche (lokale) Verhältnisse aus, führen Gründe an (kausal) oder benennen die Art und Weise, die Beschaffenheit von etwas (modal).

Eine Präposition entscheidet über den Kasus der Wörter, auf die sie sich bezieht. Bei den meisten Präpositionen ist der Kasus festgelegt; manchmal gibt es jedoch mehrere Möglichkeiten, je nachdem, welche Beziehung man beschreiben will („etwas aus Angst tun" – kausal; „etwas aus dem Regal nehmen" – lokal; „ein Haus aus Stein" – modal). Viele lokale Präpositionen können sowohl Orte als auch Bewegungsrichtungen bezeichnen – Ortsangaben stehen mit Dativ („im Schrank"; Frage: wo?), Richtungsangaben mit Akkusativ („in den Schrank"; Frage: wohin?).

Grundsätzlich werden Präpositionen nicht flektiert. Einige können jedoch mit bestimmten Artikeln verschmelzen (z. B. „an" + „dem" = „am", „in" + „das" = „ins", „zu" + „der" = „zur").

Konjugieren und deklinieren (Aufgaben 31–45)

Zu 31) Der Hund sprang über ***einen kleinen Bach***.

Lokale Präpositionen erfordern je nach Bedeutung ein Substantiv im Dativ oder Akkusativ. Bei einer Ortsangabe ist der Dativ zu wählen, bei einer Richtungsangabe der Akkusativ. Die Präposition „über" gibt hier die Richtung an, daher muss die Substantivgruppe im Akkusativ stehen.

Zu 32) Sie stand auf ***dem Stuhl*** und versuchte, einen Karton auf ***den Schrank*** zu schieben.

Lokale Präpositionen erfordern je nach Bedeutung ein Substantiv im Dativ oder Akkusativ. Bei einer Ortsangabe ist der Dativ zu wählen, bei einer Richtungsangabe der Akkusativ. Da die Präposition „auf" im ersten Satzteil einen Ort benennt, muss die Substantivgruppe „auf dem Stuhl" im Dativ stehen. Im zweiten Satzteil wird eine Richtung angegeben, darum steht „auf den Schrank" im Akkusativ.

Zu 33) Dank ***deiner schnellen Hilfe*** geht es mir schon wieder viel besser.

Nach der Präposition „dank" kann die Substantivgruppe im Dativ oder Genitiv stehen. Beide Formen sind hier identisch.

Zu 34) Der Wagen ***der Bürgermeisterin*** wurde gestohlen.

Hier ist der Genitiv erforderlich, um das Besitzverhältnis auszudrücken.

Zu 35) Ich kann ***meinen neuen Nachbarn*** nicht leiden!

Die Konstruktion des Verbs lautet „jemanden (nicht) leiden können". Das Objekt muss dabei im Akkusativ stehen.

Zu 36) *Den meisten Menschen* fällt es schwer, auf Süßigkeiten zu verzichten.

Die Konstruktion lautet „jemandem fällt etwas schwer", daher muss die Substantivgruppe im Dativ stehen.

Zu 37) Nach *diesen ganzen Vorfällen* möchte er nicht länger in der Firma arbeiten.

Die Präposition „nach" erfordert, dass die folgende Substantivgruppe im Dativ steht.

Zu 38) *Geh* in dein Zimmer und *lass* mich in Ruhe!

Hier handelt es sich offensichtlich um eine Aufforderung, also ist die gesuchte Verbform der Imperativ Singular.

Zu 39) Entgegen *dem Vertrag* erfüllte er seine Pflichten nicht.

Die Präposition „entgegen" steht vor einer Substantivgruppe im Dativ.

Zu 40) Aufgrund *des schlechten Wetters* fällt heute die Schule aus.

Die Präposition „aufgrund" erfordert immer eine Substantivgruppe im Genitiv.

Zu 41) Ohne *unseren umtriebigen Cousin* hätte der Zirkusbesuch nicht stattgefunden.

Die Präposition „ohne" erfordert, dass die folgende Substantivgruppe im Akkusativ steht.

Zu 42) Unter *diesen Umständen* sollten wir möglichst schnell handeln.

Die Präposition „unter" wird hier modal gebraucht, das heißt, sie bezeichnet die Art und Weise bzw. die Rahmenbedingungen eines Vorgangs. In dieser Verwendung zieht „unter" einen Dativ nach sich.

Zu 43) Sie hat noch schnell die frische Wäsche zum Trocknen *aufgehängt*.

Die Lücke in diesem Satz muss mit einem Partizip II gefüllt werden. Die vollständige Verbform lautet „hat aufgehängt" (Perfekt).

Zu 44) Wenn du nicht so früh nach Hause *gegangen wärst*, hättest du das Feuerwerk auch gesehen.

Hier gilt: Beide Teilsätze müssen die gleiche Zeitform aufweisen, nämlich Konjunktiv II Perfekt.

Zu 45) Mangels *geeigneten Werkzeugs* konnte er die Reparatur nicht durchführen.

Die Präposition „mangels" zieht in der Regel einen Genitiv nach sich.

Lösungshinweis (Aufgaben 31–45)

Um die richtige grammatische Form zu finden, ist es hilfreich, sich die einzelnen Sätze leise vorzulesen. Achten Sie dabei auf Person, Zahl und Zeitform.

Pluralformen bilden (Aufgaben 46–55)

Zu 46) Die Schwestern singen.

Zu 47) Die Brüder spielen mit den Hunden.

Zu 48) Die Köche arbeiten.

Zu 49) Die Polizistinnen verfolgen die Diebe.

Zu 50) Die Kühe stehen auf den Weiden.

Zu 51) Die Ärzte verschreiben (mehrere) Arzneimittel.

Zu 52) Die Krankenhäuser haben viele Betten.

Zu 53) Die Häuser befinden sich in Graz.

Zu 54) Dort drüben warten die Staatsanwältinnen.

Zu 55) Ihr habt Geschenke gekauft.

Kommasetzung (Aufgaben 56–65)

Zu 56) **A.** Auch wenn das Buch sehr gut sein soll, ist es für meine Zwecke nicht nützlich.

Der Konzessivnebensatz, der durch „auch wenn" eingeleitet wird und auf „sein soll" endet, wird durch das Komma vom Hauptsatz getrennt.

Zu 57) **B.** Wenn sie nur an ihren Ausbildungsplatz dachte, wurde sie schon ganz froh.

Das Komma trennt einen Temporalnebensatz vom Hauptsatz.

Zu 58) **D.** Sicherlich können nicht alle Bedingungen eingehalten werden, weil sehr oft der Verlauf von anderen Faktoren beeinflusst wird, die von uns als gegeben betrachtet werden müssen.

Am Anfang steht der Hauptsatz, der durch das erste Komma vom Kausalnebensatz getrennt wird. Das zweite Komma beendet den Kausalnebensatz und trennt ihn vom folgenden Relativnebensatz, der durch das Relativpronomen „die" eingeleitet wird.

Zu 59) A. Wenn du nicht willst, dass man dich findet, dann musst du dich sehr gut verstecken.

Das erste Komma trennt den Konditionalnebensatz von einem weiteren Nebensatz, das zweite Komma leitet den Hauptsatz ein.

Zu 60) A. Nicht derjenige, der den geringsten Aufwand betreibt, ist ein aussichtsreicher Bewerber, sondern derjenige, der es versteht, die richtigen Inhalte zu lernen und zu verstehen.

Die ersten beiden Kommas grenzen einen eingeschobenen Relativnebensatz vom Hauptsatz ab. Das dritte Komma ist durch eine Zusammenziehung bedingt: „sondern derjenige" bezieht sich wie „nicht derjenige" auf die Wortgruppe „ist ein aussichtsreicher Bewerber". Mit dem vierten Komma beginnt ein Relativnebensatz, der durch das fünfte Komma vom folgenden Objektsatz zu trennen ist.

Zu 61) B. Man kann davon ausgehen, dass das Bild, das man von sich selbst hat, oft ein Wunschbild ist.

Das erste Komma leitet einen Nebensatz ein, in den ein Relativnebensatz eingeschoben ist, der durch das zweite und dritte Komma eingerahmt wird.

Zu 62) C. Herr Mayer ist sich sicher, dass sein neues Geschäft erfolgreich sein wird, in das er viel Mühe investiert hat.

Das erste Komma leitet einen Nebensatz ein, auf den nach dem zweiten Komma ein Relativnebensatz folgt.

Zu 63) A. Am Montag, den 28. Juli, habe ich einen Arzttermin.

Die beiden Kommas trennen eine Apposition vom Hauptsatz, die „Montag" genauer definiert.

Zu 64) B. Begründen Sie bitte, warum Sie Mechatroniker werden möchten!

Das Komma trennt zwei Hauptsätze voneinander.

Zu 65) D. Man schätzt, dass das menschliche Gehirn in der Lage ist, das Wissen einer umfangreichen Bibliothek mit tausenden von Büchern zu speichern.

Das erste Komma steht am Anfang eines Nebensatzes, der mit dem zweiten Komma beendet wird, welches einen Infinitivsatz einleitet.

Ein Wort fällt aus der Reihe (Aufgaben 66–75)

Zu 66) D. Hausmeister

Alle Begriffe außer „Hausmeister" beziehen sich auf einen Titel, der in einem sportlichen Wettkampf zu gewinnen ist.

Zu 67) C. Stadion

In einem Stadion finden sportliche Wettkämpfe statt, alle anderen Begriffe bezeichnen Räumlichkeiten zum Warenverkauf.

Zu 68) E. trocken

„Trocken" verhält sich gegenteilig zu allen anderen Begriffen.

Zu 69) B. Lackierer

Bei allen anderen Begriffen handelt es sich um Künstler.

Zu 70) C. kennen

Alle anderen Begriffe sind Modalverben, das heißt Verben, die Möglichkeiten oder Notwendigkeiten ausdrücken.

Zu 71) D. unerheblich

Bei allen anderen Begriffen handelt es sich um Adjektive, die große Mengen beschreiben.

Zu 72) E. Huhn

Bei allen anderen Begriffen handelt es sich um Singvögel.

Zu 73) B. Lehne

Bei allen anderen Begriffen handelt es sich um Sitzgelegenheiten.

Zu 74) D. Unterhose

Nur die Unterhose ist eine Unterwäsche. Alle anderen Bekleidungsstücke nicht.

Zu 75) E. Büro

Alle Begriffe außer „Büro" stehen für Teile eines Gebäudes – „Büro" bezeichnet die Funktion eines Raumes.

Gegenteilige Begriffe (Aufgaben 76–85)

Zu 76) Problem – **B.** Lösung

Zu 77) Frage – **F.** Antwort

Zu 78) Weg – **D.** Ziel

Zu 79) Beruf – **I.** Hobby

Zu 80) Lyrik – **J.** Prosa

Zu 81) Risiko – **C.** Sicherheit

Zu 82) Vortrag – **G.** Gespräch

Zu 83) Gruppe – **E.** Einzelperson

Zu 84) Täter – **H.** Opfer

Zu 85) Geschenk – **A.** Diebstahl

Tipps für Zuordnungsaufgaben (76–85)

Diese Aufgabe prüft Wortschatz und Sprachgefühl. Gehen Sie dabei sehr konzentriert vor, da ein Fehler eine ganze Reihe anderer Fehler nach sich ziehen kann.

Beginnen Sie systematisch mit dem ersten Begriff in der linken Spalte und überprüfen Sie die rechte Spalte Wort für Wort, bis Sie die gegenteilige Bedeutung gefunden haben. Tragen Sie dann den entsprechenden Lösungsbuchstaben in das leere Kästchen in der mittleren Spalte ein. Wenn Sie sich nicht ganz sicher sind, dann verschieben Sie Ihre Entscheidung – vielleicht löst sich das Problem am Ende von selbst, da nur noch eine Möglichkeit übrig bleibt.

Wenn nach dem ersten Durchgang noch Lücken klaffen, dann hilft eventuell eine Umkehr des Verfahrens weiter: Man nehme sich das Wort aus der rechten Spalte vor und suche dazu aus der linken Spalte den Begriff mit der gegenteiligen Bedeutung.

Zum Schluss sollte geprüft werden, ob alle Buchstaben einmal eingetragen sind.

Sprichwörter (Aufgaben 86–95)

Zu 86) D. Hose

„Es ist alles Jacke wie Hose" bedeutet, dass etwas egal oder gleichgültig ist.

Zu 87) C. Dritte

„Wenn zwei sich streiten, freut sich der Dritte." Der Dritte ist in diesem Fall ein Unbeteiligter, der aus dem Konflikt der Streitenden in irgendeiner Weise Nutzen zieht.

Zu 88) D. Ton

„Der Ton macht die Musik" bedeutet, dass nicht nur der Inhalt darüber entscheidet, wie eine Aussage aufgenommen wird. Der Tonfall und die Ausdrucksweise beeinflussen das Urteil des „Publikums" maßgeblich mit.

Zu 89) D. Polen

„Noch ist Polen nicht verloren." Dieses Sprichwort besagt, dass auch eine aussichtslos erscheinende Situation noch zum Guten gewendet werden kann.

Zu 90) C. ruft

„Wie man in den Wald hineinruft, so schallt es heraus" bedeutet, dass man so, wie man andere behandelt, auch von diesen behandelt wird. Wer unhöflich ist, darf also nicht mit freundlichem Entgegenkommen rechnen.

Zu 91) D. Reisende

„Reisende soll man nicht aufhalten." Dieses Sprichwort wird oft resigniert gebraucht, wenn man erkannt hat, dass man jemanden nicht zum Bleiben überreden kann. Wer gehen will, soll es tun, wenn er es für richtig hält.

Zu 92) C. Münze

„Jede Münze hat zwei Seiten" bedeutet, dass alles seine Vor- und Nachteile hat.

Zu 93) A. Eichhörnchen

„Der Teufel ist ein Eichhörnchen." Diese Metapher soll ausdrücken, dass Probleme oft dort auftreten, wo man sie am wenigsten vermutet hätte. Es kann auch bedeuten, dass ein nahendes Unheil lange harmlos erscheint, dann aber schlimme Auswirkungen hat.

Zu 94) D. ruhigem

„Bei ruhigem Wasser kann jeder leicht Steuermann sein." Unter einfachen Bedingungen kann jeder die Leitung einer Gruppe übernehmen. Die tatsächlichen Führungsqualitäten zeigen sich jedoch erst, wenn es Probleme zu meistern gibt.

Zu 95) A. Häkchen

„Früh krümmt sich, was ein Häkchen werden will." Dieses Sprichwort kann man verschieden auslegen. Die neutrale Variante besagt, dass man früh genug mit dem Lernen anfangen sollte, speziell wenn es darum geht, eine bestimmte berufliche Richtung einzuschlagen. Die negativere Lesart assoziiert „sich krümmen" mit Unterordnung und Anpassung: Hier drückt der Satz in etwa aus, dass jemand durch Anbiederung eine vorteilhaftere Position erreichen will.

Sätze umformulieren (Aufgaben 96–105)

Zu 96) Der unzufriedene Gast erreichte, dass der Betrieb genau kontrolliert wurde.

Der unzufriedene Gast ***veranlasste*** eine genaue Kontrolle des Betriebs.

Zu 97) Er ist mit seinem Geld sehr verschwenderisch umgegangen.

Er hat sein Geld ***vergeudet***.

Zu 98) Sie half ihm aus Mitleid.

Sie ***erbarmte*** sich seiner.

Zu 99) Nach Stunden ließen sich die Täter endlich widerstandslos festnehmen.

Nach Stunden haben sich die Täter endlich ***ergeben***.

Zu 100) Der teure Pullover ist in der Waschmaschine kleiner geworden.

Der teure Pullover ist in der Waschmaschine ***eingelaufen***.

Zu 101) Wir haben gerade beschlossen, weniger Geld auszugeben.

Wir haben gerade beschlossen, unsere Ausgaben zu ***reduzieren***.

Zu 102) Das System soll neu gestaltet werden.

Das System soll ***reformiert*** werden.

Zu 103) Trotz des schlechten Wetters konnte das Schiff schließlich den Hafen verlassen.

Trotz des schlechten Wetters konnte das Schiff schließlich ***auslaufen***.

Zu 104) Die Farben und Formen der Produkte sind einheitlich festgelegt.

Die Farben und Formen der Produkte sind ***normiert***.

Zu 105) Sie tat so, als würde sein Geschwätz sie interessieren.

Sie ***heuchelte*** Interesse an seinem Geschwätz.

Textverständnis (Aufgaben 106–110)

Zu 106) stimmt nicht

Wie zufrieden die Bevölkerung mit der Umweltqualität in Deutschland ist, darauf geht der vorliegende Text nicht ein. Es findet sich auch keine Prozentangabe dazu.

Zu 107) stimmt nicht

Rund drei Viertel der Befragten halten die Themen Zustand des Bildungswesens sowie Zustand des Gesundheitswesens für die drängendsten Herausforderungen. Der Umwelt- und Klimaschutz ist hingegen nur für zwei Drittel gleichermaßen wichtig.

Zu 108) stimmt

Der Umwelt- und Klimaschutz zählte im Jahr 2020 für zwei Drittel der Befragten zu den drängendsten Themen. 2016 war wiederum das Thema Zuwanderung und Integration von zwei Dritteln als sehr wichtig eingestuft worden. Es lässt sich also feststellen, dass letzteres Thema 2016 für die Befragten von gleicher Bedeutung war wie vier Jahre später der Umwelt- und Klimaschutz.

Zu 109) stimmt nicht

Z Zwar halten 80 Prozent der Befragten den Klimawandel für eine Bedrohung der Lebensgrundlage in Deutschland – eine Rangliste der Umweltgefahren lässt sich daraus aber nicht ableiten.

Zu 110) stimmt

44 Prozent stufen das Thema wirtschaftliche Entwicklung als sehr wichtig ein. Dem Thema Arbeitslosigkeit messen 43 Prozent der Befragten große Bedeutung bei. Im Vorjahr fielen die Werte geringer aus. Der Text stellt einen Zusammenhang mit den wirtschaftlichen Auswirkungen der Pandemie her.

Fremdsprachenkenntnisse

Englisch: Wortbedeutungen *Bearbeitungszeit 7½ Minuten*

Geben Sie die korrekte Bedeutung des englischen Wortes wieder, indem Sie jeweils den richtigen Lösungsbuchstaben markieren.

1) to brake

A. stören
B. beugen
C. biegen
D. bremsen
E. brechen

2) responsible

A. aufnahmefähig
B. verantwortlich
C. fleißig
D. entschlossen
E. umstritten

3) to hide

A. verzögern
B. aufsteigen
C. abschwächen
D. verbergen
E. bemängeln

4) attention

A. Anbindung
B. Aufmerksamkeit
C. Unterbrechung
D. Einstellung
E. Absicht

5) relation

A. Beziehung
B. Entsprechung
C. Auswahl
D. Vertrauen
E. Verspätung

6) intention

A. Beachtung
B. Absicherung
C. Klarheit
D. Verhandlung
E. Absicht

7) eventually

A. möglicherweise
B. schließlich
C. festlich
D. gelegentlich
E. unabhängig

8) conscience

A. Gewissen
B. Bewusstsein
C. Übereinstimmung
D. Selbstsicherheit
E. Wachsamkeit

9) ridiculous

A. ritterlich
B. extrem
C. lächerlich
D. herausragend
E. unsicher

10) incident

A. Entscheidung
B. Entzündung
C. Unentschlossenheit
D. Vorfall
E. Auffälligkeit

11) contract

A. Zusammenfassung
B. Berührung
C. Abteilung
D. Vertrag
E. Belohnung

12) bean

A. Aufenthalt
B. Fliege
C. Exil
D. Knochen
E. Bohne

13) unable

A. unnahbar
B. unvollständig
C. unfähig
D. unklar
E. unbeschwert

14) to carry something

A. etwas sammeln
B. etwas tragen
C. etwas vermeiden
D. etwas kaufen
E. sich an etwas erinnern

15) obvious

A. verdächtig
B. abwegig
C. offensichtlich
D. unentschlossen
E. absurd

Englisch: Rechtschreibung *Bearbeitungszeit 7½ Minuten*

Welche Schreibweise stimmt? Beantworten Sie bitte die folgenden Aufgaben, indem Sie jeweils den richtigen Lösungsbuchstaben markieren.

16) Wie schreibt sich das englische Wort für „Montag"?

A. Monday
B. Manday
C. Mondey
D. Mandey
E. Mannday

17) Wie schreibt sich das englische Wort für den Monat Februar?

A. Februar
B. February
C. Februare
D. Februarry
E. Februery

18) Wie schreibt sich das englische Wort für „Vorschlag"?

A. suggestion
B. sudgestion
C. sugesstion
D. suggestien
E. sutiestion

19) Wie schreibt sich das englische Wort für „geheimnisvoll"?

A. mistyrious
B. mystyrious
C. mysterious
D. mysteries
E. misteriose

20) Wie schreibt sich das englische Wort für „enorm"?

A. anormus
B. anormous
C. enormus
D. enormous
E. enorme

21) Wie schreibt sich das englische Wort für „plötzlich"?

A. suddenly
B. suddenlee
C. saddenlee
D. suddenlie
E. sattenly

22) Wie schreibt sich das englische Wort für „Gewalt"?

A. violance
B. violense
C. vayolens
D. violence
E. vaiolanse

23) Wie lautet die englische Schreibweise für: „Es ist nicht alles Gold, was glänzt"?

A. All that glitters is not gold.
B. Al that glitters is no gold.
C. All that glitters ist no gold.
D. Al that gliters ist not gold.
E. Keine Antwort ist richtig.

24) Wie lautet die englische Schreibweise für: „Steter Tropfen höhlt den Stein"?

A. Konstant driping wears away the stone.
B. Constant dripping wears away the stone.
C. Konstant dripping wear away the ston.
D. Konstant driping vears away the stone.
E. Keine Antwort ist richtig.

25) Wie lautet die englische Schreibweise für: „Gegensätze ziehen sich an"?

A. Opposites attract.
B. Oposites attract.
C. Opposites atract.
D. Opposite attrak
E. Keine Antwort ist richtig.

26) Wie lautet die englische Schreibweise für: „Rom ist auch nicht an einem Tag erbaut worden"?

A. Rome was not built in a day.
B. Rom was no built in a day.
C. Rom was not built in day.
D. Rome was no build in a day.
E. Keine Antwort ist richtig.

27) Wie schreibt sich das englische Wort für „Aufgabe", „Übung"?

A. excercice
B. excercize
C. exersize
D. exserzise
E. exercise

28) Wie schreibt sich das englische Wort für „verschwinden"?

A. disapear
B. dissapeer
C. disappear
D. disseppear
E. disepeer

29) Wie schreibt sich das englische Wort für „garantieren“?

A. garantee
B. guarantee
C. guerantie
D. gueranty
E. guaranty

30) Wie schreibt sich das englische Wort für „verfügbar“?

A. evailable
B. eveilabel
C. aveilabel
D. available
E. aweilable

Englisch: Sätze übersetzen *Bearbeitungszeit 7½ Minuten*

Wie lautet der vorgegebene deutsche Satz auf Englisch?

Bearbeiten Sie bitte die folgenden Aufgaben, indem Sie den Lösungsbuchstaben der korrekten Übersetzung markieren.

31) Entschuldigen Sie bitte, wie viel Uhr ist es?

A. I'm sorry, what is the watch?
B. Excuse me, please, what time is it?
C. Excuse me, please, how much time is it?
D. Execute me, please, how many watches are there?
E. Excuse me, please, what is your name?

32) Du solltest einen Regenschirm mitnehmen, weil es regnen wird.

A. You should take an umbrella, because it is going to rain.
B. You must take an umbrella, while it is going to rain.
C. Because you take an umbrella, it will rain.
D. You must not take an umbrella, because it will rain.
E. We took the umbrella, not to get wet, if it rains.

33) Was kostet das Buch?

A. Where did the book cost?
B. How does the book cost?
C. Where is the library?
D. Why did you get this book?
E. What does the book cost?

34) Es tut mir leid, aber die Ware ist bereits ausverkauft.

A. It makes me sorry, but the ware is ready out selled.
B. I'm sorry, but the goods were sold.
C. I'm sorry, but the goods are already sold out.
D. Are you sorry, you have sold out the goods?
E. I'm glad, you haven't sold out the goods.

35) Besser spät als nie.

A. Better late than never.
B. Better late as never.
C. Better late then never.
D. Batter late as never.
E. Keine Antwort ist richtig.

36) Fahren Sie bitte an der nächsten Kreuzung rechts.

A. Please turn right at the next crossway.

B. The next turn crossways at right please.

C. Next crossways please right at the turn.

D. At the turn please crossways right next.

E. Next crossways right please turn at the.

37) Wo ist die nächste Bushaltestelle für den Bus zum Flughafen?

A. Who is the next bus station for the bus to the fly harbour?

B. How I get the bus stand for the airport?

C. Which line bus guides to the airport?

D. Where is the next bus stop for the bus line to the airport?

E. What bus goes to the central station?

38) Wir haben bereits gestern darüber geredet.

A. Already yesterday talked about it we have.

B. Talked about it yesterday have we already.

C. Have we talked it about already yesterday?

D. We already talked about it yesterday.

E. We have already yesterday about talked.

39) Bei gutem Wetter sind der Himmel und das Meer blau.

A. Blue are the sky and the lake in good weather.

B. The sea and the sky are blue in weather good.

C. The blue and the sea sky are weather in good.

D. And blue the sea sky are in weather the good.

E. In good weather, the sky and the sea are blue.

40) Während Thomas schlief, hat jemand sein Gepäck geklaut.

A. When Thomas is sleeping, somebody stole his package.

B. While Thomas was sleeping, somebody stealed his baggage.

C. While Thomas was sleeping, somebody stole his baggage.

D. Thomas lost his baggage during the flight.

E. Thomas was stealing somebody's baggage, when he sleeps.

41) Das hängt vom Wetter ab.

A. That hangs apart from the weather.

B. That deepens from the weather.

C. That depends on the weather.

D. That departs from the wether.

E. Keine Antwort ist richtig.

42) Ich bekomme eine gute Note.

A. I become a good note.

B. I get a good note.

C. I get a good grade.

D. I become a good grade.

E. Keine Antwort ist richtig.

43) Man sollte für Prüfungen immer gut vorbereitet sein.

A. You have to prepare yourself good for Testings.

B. Man should him check better for Tests.

C. You should always be well prepared for an exam.

D. You should always be good prepared for an exam.

E. Never prepare for an exam.

44) Wie kommst du denn auf so etwas?

A. How you get this idea?

B. Whatever gave you that idea?

C. How you come on this idea?

D. Where do you find that idea?

E. Do you have a big fantasy?

45) Hatten Sie eine gute Reise?

A. A journey good have had you?

B. Have you had a good journey?

C. Have had you a journey good?

D. You had have a good journey?

E. Had have a journey good you?

Lösungen: Fremdsprachenkenntnisse

1) D	16) A	31) B
2) B	17) B	32) A
3) D	18) A	33) E
4) B	19) C	34) C
5) A	20) D	35) A
6) E	21) A	36) A
7) B	22) D	37) D
8) A	23) A	38) D
9) C	24) B	39) E
10) D	25) A	40) C
11) D	26) A	41) C
12) E	27) E	42) C
13) C	28) C	43) C
14) B	29) B	44) B
15) C	30) D	45) B

Englisch: Wortbedeutungen (Aufgaben 1–15)

Zu 1) **D.** bremsen

Zu 2) **B.** verantwortlich

Zu 3) **D.** verbergen

Zu 4) **B.** Aufmerksamkeit

Zu 5) **A.** Beziehung

Zu 6) **E.** Absicht

Zu 7) **B.** schließlich

Zu 8) **A.** Gewissen

Zu 9) **C.** lächerlich

Zu 10) **D.** Vorfall

Zu 11) **D.** Vertrag

Zu 12) **E.** Bohne

Zu 13) **C.** unfähig

Zu 14) **B.** etwas tragen

Zu 15) **C.** offensichtlich

Englisch: Rechtschreibung (Aufgaben 16–30)

Zu 16) **A.** Monday

Zu 17) **B.** February

Zu 18) A. suggestion

Zu 19) C. mysterious

Zu 20) D. enormous

Zu 21) A. suddenly

Zu 22) D. violence

Zu 23) A. All that glitters is not gold.

Zu 24) B. Constant dripping wears away the stone.

Zu 25) A. Opposites attract.

Zu 26) A. Rome was not built in a day.

Zu 27) E. exercise

Zu 28) C. disappear

Zu 29) B. guarantee

Zu 30) D. available

Englisch: Sätze übersetzen (Aufgaben 31–45)

Zu 31) B. Excuse me, please, what time is it?

Antwort A ist auszuschließen – es geht hier nicht um die Uhr an sich („watch"), sondern um die Zeit („time"). Antwort D macht denselben Fehler und verwendet darüber hinaus anstelle der Höflichkeitsformel „excuse me" („Entschuldigen Sie") die unangebrachte Aufforderung „execute me" („Richten Sie mich bitte hin"). Vorschlag E erkundigt sich fälschlicherweise nach dem Namen („name"), und Antwort C ist zu plump ans Deutsche angelehnt: Im Englischen fragt man nicht „How much time is it?", sondern „What time is it?". Vorschlag B stimmt.

Zu 32) A. You should take an umbrella, because it is going to rain.

Antwort E verwendet ein unangemessenes Personalpronomen („we" – „wir") und ist als Aussagesatz formuliert, nicht als Aufforderung. Antwort C geht unsinnigerweise davon aus, dass der Regen durch die Mitnahme des Schirms hervorgerufen wird. In Antwort B verfehlt der durch „while" („während") eingeleitete Temporalsatz die Absicht des Aufgabensatzes, der eine kausale Verknüpfung herstellt. Möglichkeit D verkehrt die Aussage sogar komplett ins Gegenteil, indem das Tragen eines Regenschirms mit Verweis auf den Regen verboten wird („you must not" – „du darfst nicht"). Somit kommt nur Vorschlag A infrage.

Zu 33) E. What does the book cost?

Antwort B verwendet ein falsches Fragewort („how" – „wie"), ebenso wie Satz A („where" – „wo"), der zudem in der Vergangenheit steht („did"). Die Vorschläge C und D gehen inhaltlich fehl mit „Where is the library?" („Wo ist die Bibliothek?") bzw. „Why did you get this book?" („Warum hast Du dieses Buch bekommen?"). Demnach kann nur Möglichkeit E stimmen.

Zu 34) C. I'm sorry, but the goods are already sold out.

Als Fragesatz scheidet Antwort D aus, und auch Vorschlag B kommt nicht infrage: „were sold" bedeutet „wurden verkauft" und nicht „ist ausverkauft". Antwort A disqualifiziert sich zum einen durch den veralteten Ausdruck „ware" – gebräuchlicher sind „goods", „merchandise" oder „product" – zum anderen durch die falsche Wortbildung: Bei „out selled" (statt „sold out") stimmt weder die Vergangenheitsform noch die Wortreihenfolge. Da Antwort E inhaltlich vollkommen falsch liegt („Ich bin froh, dass Du die Waren nicht ausverkauft hast"), kann nur Vorschlag C korrekt sein.

Zu 35) A. Better late than never.

Antwort A stimmt. Nur hier sind alle Wörter richtig geschrieben und durch die passende Konjunktion „than" verbunden. „Then" (Antwort C) bedeutet „dann", und „as" (Satz D) wird in Vergleichen ungleicher Elemente („mehr als", „schlechter als", „schneller als") nicht verwendet.

Zu 36) A. Please turn right at the next crossway.

Die richtige Lösung lautet A: „Please" wird üblicherweise an den Satzanfang oder das Satzende gestellt. Zwar berücksichtigt dies auch Antwort B – doch hier ist die Satzstruktur ansonsten genauso verwirrend und fehlerhaft wie in den Vorschlägen C, D und E.

Zu 37) D. Where is the next bus stop for the bus line to the airport?

Antwort A nennt das falsche Fragewort („who" – „wer") und ebenso wie B die falschen Vokabeln: „Bushaltestelle" heißt „bus stop", nicht „bus station" („Busbahnhof") oder „bus stand", und statt des wörtlich übersetzten „fly harbour" für „Flughafen" müsste es „airport" heißen. Auch einen „line bus" wie in Satz C gibt es im Englischen nicht. Vorschlag E bezieht sich auf einen Zentralbahnhof („central station"). Als richtige Lösung kommt somit nur D infrage.

Zu 38) D. We already talked about it yesterday.

Zeitangaben stehen im Englischen am Satzanfang oder -ende – somit entfallen die Antworten A, B und E. Die in Vorschlag C formulierte Frage kommt als Übersetzung eines Aussagesatzes sicher nicht in Betracht, sodass nur Antwort D übrig bleibt.

Zu 39) E. In good weather, the sky and the sea are blue.

Die Formulierung „bei gutem Wetter" übersetzt man mit „in good weather", sodass die Antworten B, C und D von vornherein ausscheiden. Der Himmel („sky") und das Meer („sea") finden sich zusammen nur in Antwort E – von dem in Antwort A genannten See („lake") ist im vorgegebenen Satz nicht die Rede.

Zu 40) C. While Thomas was sleeping, somebody stole his baggage.

Wie der Aufgabensatz muss auch die Übersetzung in der Vergangenheit stehen: Antwort A mit der Präsensform „is sleeping" – und der Falschübersetzung „package" („Paket") – scheidet daher aus. In Vorschlag B ist das unregelmäßige Verb „to steal" falsch konjugiert. Satz D (übersetzt: „Thomas hat sein Gepäck während des Fluges verloren") schildert eine gänzlich andere Situation, und in Vorschlag E ist Thomas gar selbst der Dieb. Inhaltlich und grammatisch richtig ist allein Antwort C.

Zu 41) C. That depends on the weather.

Antwort C stimmt. „Deepen" (Antwort B) heißt „vertiefen", „depart from" (Möglichkeit D) bedeutet „abfahren von", und zwar in diesem Fall von einem Hammel („wether"). „That hangs apart" in Satz D schließlich besagt, dass etwas im ganz wörtlichen Sinne aufgehängt ist, und zwar in einiger Entfernung zum Wetter – was ebenfalls keine besonders sinnvolle Aussage ist.

Zu 42) C. I get a good grade.

Die korrekte Antwort ist C. „Become" (Vorschläge A und D) bedeutet „werden", mit „note" (Sätze A und B) bezeichnet man Musiknoten oder kurze Textnotizen.

Zu 43) C. You should always be well prepared for an exam.

Das Wort „testings" (Antwort A) gibt es im Englischen nicht; die „Prüfung" wird im englischen Plural zu „tests" oder „exams". Antwort B ist mit „man should" für „man sollte" zu wörtlich und damit falsch übersetzt, auch der Satzaufbau stimmt hier nicht. Vorschlag E geht inhaltlich fehl: „Never prepare for an exam" bedeutet „Bereite dich nie auf eine Prüfung vor". Übrig bleiben die Möglichkeiten C und D – heißt es nun „well prepared" oder „good prepared"? Der Unterschied: Das Adjektiv „good" bezieht sich auf ein Substantiv, das Adverb „well" auf ein Verb, Adjektiv oder Adverb. Zum Beispiel: „You should always be well prepared (Adverb + Adjektiv) for an exam", aber: „You should always be in good shape (Adjektiv + Substantiv) for an exam". Die richtige Antwort ist demnach C.

Zu 44) B. Whatever gave you that idea?

Antwort E erscheint nicht als englischer Satz, sondern als mangelhafte Übersetzung der Frage „Hast du eine große Fantasie?". Antwort D verwendet mit „find" („finden") ein unangemessenes Verb. Antwort C ist zu nahe am Deutschen: „How you come on this idea?" ist eine wörtliche (und falsche) Anlehnung an „Wie bist du denn auf die Idee gekommen?". Antwort A kommt dem vorgegebenen Satz zwar recht nahe, doch zur Vollständigkeit fehlt das Hilfsverb „did". Nach dem Ausschlussprinzip kommt nur Antwort B infrage.

Zu 45) B. Have you had a good journey?

Als richtige Antwort kommt nur Vorschlag B in Betracht. Bei allen anderen Antworten stimmt der Satzbau nicht, da „have", „had" und „you" – wenn überhaupt vorhanden – an falschen Positionen stehen.

Mathematik

Bruchrechnen

Bearbeitungszeit 10 Minuten

Bearbeiten Sie bitte die folgenden Aufgaben, indem Sie jeweils den Lösungsbuchstaben des richtigen Ergebnisses bestimmen.

1)	$\frac{10}{4}-\frac{4}{2}=?$	**A.** $\frac{6}{4}$	**B.** $\frac{1}{4}$	**C.** $\frac{6}{2}$	**D.** 0,5	**E.** Keine Antwort ist richtig.
2)	$\frac{10}{4}+\frac{4}{2}=?$	**A.** $\frac{14}{4}$	**B.** $\frac{14}{2}$	**C.** $\frac{18}{4}$	**D.** $\frac{14}{6}$	**E.** Keine Antwort ist richtig.
3)	$\frac{10}{4}\div\frac{4}{2}=?$	**A.** $\frac{40}{8}$	**B.** $\frac{2}{2}$	**C.** $\frac{5}{4}$	**D.** $\frac{2}{4}$	**E.** Keine Antwort ist richtig.
4)	$\frac{10}{4}\times\frac{4}{2}=?$	**A.** 2	**B.** 3	**C.** 4	**D.** 5	**E.** Keine Antwort ist richtig.
5)	$4\frac{8}{4}=?$	**A.** 4	**B.** 6	**C.** 8	**D.** 10	**E.** Keine Antwort ist richtig.
6)	$\frac{4}{8}\times 3=?$	**A.** $\frac{10}{8}$	**B.** $\frac{28}{8}$	**C.** $\frac{4}{24}$	**D.** $1\frac{1}{2}$	**E.** Keine Antwort ist richtig.
7)	$6\frac{2}{4}\times 2\frac{2}{4}=?$	**A.** $\frac{260}{4}$	**B.** 13	**C.** 16,25	**D.** 65	**E.** Keine Antwort ist richtig.
8)	$6\frac{2}{4}\div 2\frac{2}{4}=?$	**A.** $3\frac{2}{4}$	**B.** 2,6	**C.** $\frac{1}{4}$	**D.** 4	**E.** Keine Antwort ist richtig.
9)	$\frac{1}{3}-3+3\frac{2}{3}-1{,}5+9{,}5=?$	**A.** 8	**B.** 9	**C.** 10	**D.** 11	**E.** Keine Antwort ist richtig.
10)	$40\times\frac{1}{4}+\frac{2}{4}+1.029+0{,}5=?$	**A.** 1.020	**B.** 1.041	**C.** 1.051	**D.** 1.040	**E.** Keine Antwort ist richtig.

Kettenrechnen

Bearbeitungszeit 10 Minuten

Bitte benutzen Sie **keinen Taschenrechner**, die **Punkt-vor-Strich-Regel gilt hier nicht!** Bearbeiten Sie bitte die folgenden Aufgaben, indem Sie jeweils den richtigen Lösungsbuchstaben markieren.

11) $57 - 12 \div 9 + 12 - 3 \div 2 - 3 \times 5 + 6 \div 2 \times 3 - 3 \div 6 = ?$

A. 9
B. 11
C. 12
D. 6
E. Keine Antwort ist richtig.

12) $30 \div 6 + 23 + 46 - 2 \div 8 \times 9 + 9 + 909 \div 3 = ?$

A. 46
B. 333
C. 1.240,67
D. 87
E. Keine Antwort ist richtig.

13) $27 \div 3 + 18 \div 3 \times 2 + 118 - 30 \div 2 + 3 \div 7 \div 2 + 16 = ?$

A. 25,5
B. 20
C. 18
D. 15
E. Keine Antwort ist richtig.

14) $6 \times 5 - 12 \div 2 + 27 - 3 \div 11 + 5 \times 40 \div 2 - 50 \div 2 = ?$

A. 55
B. 49
C. 86
D. 99
E. Keine Antwort ist richtig.

15) $18 + 7 \div 5 \times 8 + 12 \div 4 + 3 \div 4 - 2 \times 9 - 10 \times 11 = ?$

A. 110
B. 99
C. 88
D. 121
E. Keine Antwort ist richtig.

16) $2 \times 2 + 2 \div 2 + 2 \times 2 - 2 + 22 \div 2 + 2 \times 2 - 2 \times 2 + 2 = ?$

A. 58
B. 66
C. 28
D. 39
E. Keine Antwort ist richtig.

17) $84 + 14 \div 7 + 12 \div 2 \times 7 + 8 \div 3 - 5 \times 2 + 44 = ?$

A. 75
B. 63
C. 100
D. 56
E. Keine Antwort ist richtig.

18) $24 + 17 \times 2 + 3 \div 5 + 4 \div 7 \times 2 + 19 \div 5 + 1 \times 8 + 7 = ?$

A. 63
B. 59
C. 47
D. 55
E. Keine Antwort ist richtig.

19) $9 \times 2 + 9 \div 3 \times 9 - 3 \div 6 + 15 \div 4 \times 5 + 11 \div 2 - 5 \div 6 + 78 \div 9 = ?$

A. 9
B. 12
C. 11
D. 10
E. Keine Antwort ist richtig.

20) $1.550 - 26 + 12 \div 3 \times 2 \div 4 - 156 - 20 \div 16 = ?$

A. 125
B. 86
C. 10
D. 5
E. Keine Antwort ist richtig.

Kopfrechnen

Bearbeitungszeit 10 Minuten

Im Folgenden sind einfache Rechnungen im Kopf zu lösen.

Bitte benutzen Sie **keinen Taschenrechner** und machen Sie **keine schriftlichen Nebenrechnungen**! Bearbeiten Sie die folgenden Aufgaben, indem Sie jeweils den richtigen Lösungsbuchstaben markieren.

21) $21 + 12 \times 3 = ?$

A. 99
B. 36
C. 57
D. 56
E. Keine Antwort ist richtig.

22) $6 - (3 + 2) \times 3 = ?$

A. 3
B. 15
C. –9
D. –15
E. Keine Antwort ist richtig.

23) $(-4) \times 2 - (-3) \times 4 = ?$

A. 4
B. 20
C. –20
D. –56
E. Keine Antwort ist richtig.

24) $554.616 - 336.113 = ?$

A. 118.403
B. 178.503
C. 208.003
D. 218.503
E. Keine Antwort ist richtig.

25) $8.648 + 9.576 + 978 = ?$

A. 18.304
B. 18.302
C. 19.202
D. 20.202
E. Keine Antwort ist richtig.

26) $12.082 + 2.376 + 156 = ?$

A. 14.304
B. 14.614
C. 15.202
D. 16.614
E. Keine Antwort ist richtig.

27) $(7 - (4 + 2)) \times 4 = ?$

A. –9
B. 4
C. 9
D. 15
E. Keine Antwort ist richtig.

28) $-4^3 = ?$

A. –64
B. –12
C. 12
D. 64
E. Keine Antwort ist richtig.

29) $\frac{2}{8}+3\frac{3}{4}=?$

A. $3\frac{5}{12}$

B. $3\frac{5}{4}$

C. $\frac{16}{4}$

D. $\frac{18}{4}$

E. $\frac{12}{4}$

30) $33\div\frac{1}{3}=?$

A. 10

B. 11

C. 999

D. 99

E. 9

Gleichungen bilden

Bearbeitungszeit 5 Minuten

Bei dieser Aufgabe geht es um Ihre rechnerische Sicherheit.

Erstellen Sie aus den vorgegebenen Zahlen – durch die Verwendung der Grundrechenarten (+, –, ×, ÷) – mindestens 15 Gleichungen. Jede Zahl kann dafür beliebig oft verwendet werden, aber Vorsicht: Das Ergebnis darf ebenfalls nur aus den angegebenen Zahlen bestehen und muss natürlich korrekt sein.

Hierzu ein Beispiel

Aufgabe

1) Zahlenmenge: 1, 2, 3

$1 + 2 = 3$

$1 + 1 + 2 - 3 = 2 - 1$

$3 \times 2 - 3 = (3 + 3) \div 2$

Bitte bearbeiten Sie nun die Aufgaben: Bilden Sie aus den folgenden Zahlen mindestens 15 eigene Gleichungen.

Zahlenmenge: **2, 3, 4, 5, 7, 8, 10, 11, 16, 20**

31)

__________ = __________

32)

__________ = __________

33)

__________ = __________

34)

__________ = __________

35)

__________ = __________

36)

__________ = __________

37)

__________ = __________

38)

__________ = __________

39)

__________ = __________

40)

__________ = __________

41)

__________ = __________

42)

__________ = __________

43)

__________ = __________

44)

__________ = __________

45)

__________ = __________

Rechenzeichen ergänzen

Bearbeitungszeit 10 Minuten

Welche Rechenzeichen (+, −, ×, ÷) müssen in die Felder eingefügt werden, damit das jeweilige Endergebnis stimmt?

Bedenken Sie, dass dabei die Punkt-vor-Strich-Regel gilt.

Hierzu ein Beispiel

Aufgabe

1) 2 ____ 6 ____ 3 = 15

Antwort

1) 2 × 6 + 3 = 15

Es gibt nur eine Möglichkeit, die Aufgabe korrekt zu vervollständigen.

Bearbeiten Sie nun bitte die folgenden Aufgaben, indem Sie jeweils die richtigen Operatoren eintragen.

46) 6 ____ 2 ____ 3 = 12

47) 18 ____ 9 ____ 9 = 11

48) 7 ____ 2 ____ 3 = 1

49) 15 ____ 3 ____ 4 = 9

50) 2 ____ 8 ____ 7 = 9

51) 12 ____ 2 ____ 8 = 16

52) 3 ____ 6 ____ 2 = 9

53) 17 ____ 9 ____ 3 = 11

54) 7 ____ 2 ____ 9 = 5

55) 2 ____ 3 ____ 2 = 12

56) 9 ____ 3 ____ 5 = 8

57) 17 ____ 3 ____ 5 = 2

58) 7 ____ 9 ____ 3 = 10

59) 8 ____ 2 ____ 1 = 7

60) 18 ____ 3 ____ 2 = 4

Vertauschte Operatoren *Bearbeitungszeit 7½ Minuten*

Bei dieser Aufgabe geht es um die Grundrechenarten, jedoch haben die mathematischen Zeichen eine andere Bedeutung.

Die Aufgaben sind **ohne Taschenrechner** zu lösen.

Es gilt:

– bedeutet ×

\+ bedeutet ÷

÷ bedeutet –

× bedeutet +

Bearbeiten Sie bitte die folgenden Aufgaben, indem Sie jeweils das richtige Ergebnis eintragen.

61) $8 \times 2 =$ ______

62) $96 + 4 =$ ______

63) $7 \div 2 =$ ______

64) $15 + 3 =$ ______

65) $3 \times 6 =$ ______

66) $4 - 6 =$ ______

67) $35 + 5 =$ ______

68) $3 - 7 =$ ______

69) $3 \times 8 =$ ______

70) $102 \div 17 =$ ______

71) $1 \times 5 =$ ______

72) $20 + 5 =$ ______

73) $14 + 7 =$ ______

74) $30 \div 15 =$ ______

75) $8 - 8 =$ ______

Maßeinheiten umrechnen

Bearbeitungszeit 10 Minuten

Beantworten Sie bitte die folgenden Aufgaben, indem Sie jeweils den richtigen Lösungsbuchstaben markieren.

76) Wie viele Dezimeter sind 243,45 Zentimeter?

A. 24.345
B. 2.434,5
C. 24,345
D. 2,4345
E. Keine Antwort ist richtig.

77) Wie viele Millimeter sind 34,7 Zentimeter?

A. 347.000
B. 34.700
C. 3.470
D. 347
E. Keine Antwort ist richtig.

78) Die Tragkraft einer Hebebühne beträgt 1,05 Tonnen. Wie vielen Kilogramm entspricht das?

A. 105 kg
B. 1.050 kg
C. 1.500 kg
D. 15.000 kg
E. Keine Antwort ist richtig.

79) Wie viele Deziliter sind 0,25 Liter?

A. 250
B. 25
C. 2,5
D. 5
E. Keine Antwort ist richtig.

80) Wie viele Quadratmeter sind 6,8 Quadratkilometer?

A. 6.800.000
B. 6.800
C. 68.000
D. 680.000
E. Keine Antwort ist richtig.

81) Wie viele Gramm sind 21,7 Tonnen?

A. 21.700
B. 217.000
C. 2.170.000
D. 21.700.000
E. Keine Antwort ist richtig.

82) Wie viele Liter sind 8,6 Quadratmeter?

A. 86
B. 8,6
C. 860
D. 8.600
E. Keine Antwort ist richtig.

83) Eine Hebebühne ist 1,80 m lang und 2,40 m breit. Wie groß ist die Bühnenfläche?

A. 43,2 cm^2
B. 432 cm^2
C. 4.320 cm^2
D. 43.200 cm^2
E. Keine Antwort ist richtig.

84) Wie viele Kubikzentimeter sind 13,5 Liter?

A. 27
B. 135
C. 13.500
D. 1.350
E. Keine Antwort ist richtig.

85) Wie viele Sekunden haben 4,5 Tage?

A. 388.800 Sekunden
B. 389.000 Sekunden
C. 390.600 Sekunden
D. 390.800 Sekunden
E. Keine Antwort ist richtig.

Dreisatz

Bearbeitungszeit 10 Minuten

Beantworten Sie bitte die folgenden Aufgaben, indem Sie jeweils den richtigen Lösungsbuchstaben markieren.

86) Für einen Kundenauftrag setzt Herr Mayer vier Mitarbeiter ein. Nach 40 Stunden ist der Auftrag erledigt. Wie viele Mitarbeiter muss Herr Mayer einsetzen, um nach 20 Stunden fertig zu werden?

A. 5 Mitarbeiter
B. 6 Mitarbeiter
C. 7 Mitarbeiter
D. 8 Mitarbeiter
E. Keine Antwort ist richtig.

87) Zum Abladen eines Sattelzuges setzt Herr Mayer gewöhnlich zehn Arbeiter gleichzeitig ein, die sechs Stunden benötigen. Wegen eines Engpasses kann Herr Mayer dieses Mal nur sechs Arbeiter zum Abladen einsetzen. Wie viel Stunden benötigen sechs Arbeiter für die gleiche Arbeit?

A. 8
B. 10
C. 12
D. 14
E. Keine Antwort ist richtig.

88) Für die Fertigstellung eines Auftrages werden gewöhnlich neun Mitarbeiter jeweils acht Stunden eingesetzt. Wie viele Überstunden muss jeder Mitarbeiter leisten, wenn krankheitsbedingt nur acht Mitarbeiter zu Verfügung stehen?

A. 1
B. 2
C. 3
D. 4
E. Keine Antwort ist richtig.

89) Für eine Veranstaltung werden an zwei Tagen sechs Popcornmaschinen aufgestellt. Insgesamt kommen die Maschinen dabei auf einen Stromverbrauch von 420 kWh. Wie hoch wäre der Stromverbrauch, wenn man drei Tage lang acht Maschinen betreiben würde?

A. 800 kWh
B. 820 kWh
C. 840 kWh
D. 900 kWh
E. Keine Antwort ist richtig.

90) In einer Goldmine werden aus einer Tonne Erz sechs Gramm Gold gewonnen. Wie viel Tonnen Erz werden für drei kg Gold benötigt?

A. 500 t
B. 550 t
C. 600 t
D. 625 t
E. Keine Antwort ist richtig.

91) 3 Fliesenleger verlegen die Fliesen in einem Badezimmer in 3,5 Stunden. Wie lange benötigen 7 Fliesenleger für dieselbe Arbeit?

A. 54 Minuten
B. 30 Minuten
C. 1,4 Stunden
D. 1,5 Stunden
E. Keine Antwort ist richtig.

92) Für die Fertigstellung eines Auftrages benötigen vier Mitarbeiter der Produktion acht Stunden. Wie viele Mitarbeiter müssen eingesetzt werden, damit der Auftrag in vier Stunden fertiggestellt wird?

A. 5 Mitarbeiter
B. 6 Mitarbeiter
C. 7 Mitarbeiter
D. 8 Mitarbeiter
E. Keine Antwort ist richtig.

93) Herr Mayer steht unter Zeitdruck und muss einen wichtigen Auftrag pünktlich fertigstellen. Die Bearbeitung von 400 Blechteilen erfordert 20 Mitarbeiter für genau 12 Tage. Wie viele Mitarbeiter muss Herr Mayer einsetzen, um nach 10 Tagen fertig zu werden?

A. 22 Mitarbeiter
B. 24 Mitarbeiter
C. 26 Mitarbeiter
D. 28 Mitarbeiter
E. Keine Antwort ist richtig.

94) Für die Produktion von 40 Stahlträgern setzt Herr Mayer acht Mitarbeiter für acht Arbeitstage jeweils 8 Stunden ein. Nun muss Herr Mayer einen dringenden Auftrag über 55 Stahlträger in vier Tagen bewältigen. Wie viel Arbeiter müsste er für diesen Auftrag einsetzen?

A. 16 Mitarbeiter
B. 18 Mitarbeiter
C. 20 Mitarbeiter
D. 22 Mitarbeiter
E. Keine Antwort ist richtig.

95) Zur Herstellung von Ersatzteilen wird ein spezielles Blech in der Produktion verwendet. Für 200 Ersatzteile werden 1,5 Tonnen dieses Bleches verbraucht. Wie viel Blech wird für einen Kundenauftrag von 120 Ersatzteilen benötigt?

A. 900 kg
B. 1.100 kg
C. 1.200 kg
D. 1.500 kg
E. Keine Antwort ist richtig.

Prozentrechnen

Bearbeitungszeit 10 Minuten

Bei der Prozentrechnung sind drei Größen zu beachten: der Prozentsatz, der Prozentwert und der Grundwert. Zwei dieser Größen müssen gegeben sein, um die dritte Größe berechnen zu können.

Beantworten Sie bitte die folgenden Aufgaben, indem Sie jeweils den richtigen Lösungsbuchstaben markieren.

96) Herr Mayer möchte einen gebrauchten Pkw für 10.000 € erwerben. Da Herr Mayer ein guter Kunde ist, bekommt er einen Rabatt von 10 Prozent. Wie viel Euro spart er durch den Rabatt?

A. 500 €
B. 800 €
C. 1.000 €
D. 1.200 €
E. Keine Antwort ist richtig.

97) Ein kleiner Betrieb hat insgesamt 80 Mitarbeiter. Zwei Fünftel der Mitarbeiter arbeiten in der Produktion, drei Zehntel im Büro. Wie viel Prozent der Mitarbeiter arbeiten weder im Büro noch in der Produktion?

A. 20 %
B. 28 %
C. 30 %
D. 40 %
E. Keine Antwort ist richtig.

98) Herr Müller erhält eine Gehaltserhöhung von fünf Prozent. Derzeit verdient er 3.500 €. Wie viel Euro erhält er zukünftig mehr?

A. 120 €
B. 140 €
C. 160 €
D. 175 €
E. Keine Antwort ist richtig.

99) Herr Mayer erhält eine Rechnung über 5.000 € mit dem Zusatz „bei Zahlung innerhalb von 10 Tagen 2 Prozent Skonto oder in einem Monat ohne Abzug". Welchen Betrag würde Herr Mayer sparen, wenn er das Geld früh überweist?

A. 110 €
B. 75 €
C. 100 €
D. 87,50 €
E. Keine Antwort ist richtig.

100) Der Preis für eine Maschine wurde von 19.600 € auf 16.660 € gesenkt. Wie viel Prozent beträgt die Preisreduzierung?

A. 10 %
B. 12 %
C. 14 %
D. 15 %
E. Keine Antwort ist richtig.

101) Eine Maschine kostet 18.000 €. Herr Mayer hat diese zu einem reduzierten Preis von 14.400 € erwerben können. Wie viel Prozent hat Herr Mayer einsparen können?

A. 10 %
B. 20 %
C. 25 %
D. 30 %
E. Keine Antwort ist richtig.

102) Herr Mayer kauft einen Sonderposten für 18.000 € und möchte diesen für 25.200 € weiterverkaufen. Wie viel Prozent Gewinn würde Herr Mayer erzielen?

A. 30 %
B. 35 %
C. 40 %
D. 50 %
E. Keine Antwort ist richtig.

103) Herr Mayer hat 60 Mitarbeiter. Davon sind 80 Prozent Männer. Wie viele Frauen arbeiten bei Herrn Mayer?

A. 8
B. 9
C. 10
D. 12
E. Keine Antwort ist richtig.

104) Der Kauf eines Sonderpostens an Stahl soll über die Bank finanziert werden. Nach einem Jahr würde bei einem Zinssatz von sechs Prozent inklusive Zinsen einen Betrag von 14.840 € zu zahlen sein. Wie viel kostet der Sonderposten im Einkauf?

A. 13.800 €
B. 14.000 €
C. 14.200 €
D. 14.800 €
E. Keine Antwort ist richtig.

105) Von 85 wahlberechtigten Beschäftigten haben 68 bei der Betriebsratswahl gewählt. Wie viel Prozent der wahlberechtigten Beschäftigten haben gewählt?

A. 50 %

B. 60 %

C. 70 %

D. 80 %

E. Keine Antwort ist richtig.

Gemischte Textaufgaben

Bearbeitungszeit 10 Minuten

Beantworten Sie bitte die folgenden Aufgaben, indem Sie jeweils den richtigen Lösungsbuchstaben markieren.

106) Herr Mayer benötigt mit dem Auto von zu Hause bis zur Arbeit bei einer Durchschnittsgeschwindigkeit von 80 km/h genau 30 Minuten. Wie groß ist die Distanz?

A. 20 km
B. 30 km
C. 40 km
D. 50 km
E. Keine Antwort ist richtig.

107) Auszubildender Müller verbraucht mit seinem Pkw im Durchschnitt 7,5 Liter auf 100 km. Wie viel Liter Kraftstoff würde Auszubildender Müller bei gleichem Fahrverhalten auf der Fahrt zu einem Seminar verbrauchen, wenn die Strecke zum Seminar 220 km beträgt?

A. 16 l
B. 16,5 l
C. 17 l
D. 17,5 l
E. Keine Antwort ist richtig.

108) Herr Mayer benötigt für eine Strecke sechs Stunden, wenn er durchschnittlich mit 120 km/h fährt. Wie schnell müsste er durchschnittlich fahren, wenn er die Strecke in vier Stunden schaffen möchte?

A. 140 km/h
B. 160 km/h
C. 180 km/h
D. 190 km/h
E. Keine Antwort ist richtig.

109) Die Mayer Industriegesellschaft kauft während eines Jahres zu folgenden Preisen Heizöl:

¬ 10.000 l zu 0,45 € pro l

¬ 12.000 l zu 0,42 € pro l

¬ 8.000 l zu 0,48 € pro l

¬ 6.000 l zu 0,49 € pro l

Welchen durchschnittlichen Heizölpreis zahlt das Unternehmen pro Liter? Runden Sie das Ergebnis auf zwei Nachkommastellen.

A. 0,42 €
B. 0,45 €
C. 0,48 €
D. 0,49 €
E. Keine Antwort ist richtig.

110) Herr Mayer hat für eine kleine Betriebsfeier 20 kg Obst für 55 € gekauft. Neben 10 kg Birnen hat er 10 kg Äpfel für 2,50 € das Kilo gekauft. Was kostet ein Kilogramm Birnen?

A. 1 €
B. 2 €
C. 3 €
D. 4 €
E. Keine Antwort ist richtig.

111) Der Auszubildende Max hat eine Schrittweite von 1,4 Metern. Im Sportunterricht benötigt er für eine vorgegebene Strecke genau 480 Schritte. Wie viel Schritte braucht die Auszubildende Claudia für die gleiche Strecke, wenn sie eine Schrittweite von nur 1,12 Metern hat?

A. 500
B. 540
C. 600
D. 660
E. Keine Antwort ist richtig.

112) Nach erfolgreichem Bestehen der Abschlussprüfung wollen 14 Auszubildende der Mayer Bank einen Ausflug machen. Sie wollen dafür einen kleinen Bus mieten und die Fahrtkosten teilen – laut Planung wären pro Kopf 16,50 € fällig. Welchen Betrag muss ein Auszubildender zahlen, wenn zwei Auszubildende krankheitsbedingt nicht mitfahren können?

A. 16,75 €
B. 17,25 €
C. 18,75 €
D. 19,25 €
E. Keine Antwort ist richtig.

113) Bei einer Geschäftsreise legt Herr Schmidt $6/7$ der Gesamtstrecke mit der Bahn und $4/5$ der Reststrecke vom Bahnhof ins Konferenzzentrum mit dem Taxi zurück. Welcher Anteil der Gesamtstrecke bleibt dann noch übrig?

A. $\frac{1}{35}$
B. $\frac{2}{29}$
C. $\frac{3}{12}$
D. $\frac{2}{42}$
E. Keine Antwort ist richtig.

114) Zwei Züge begegnen sich an einer Haltestelle um 10:00 Uhr und fahren in entgegengesetzte Richtungen weiter. Wie weit sind sie um 11:30 Uhr voneinander entfernt, wenn der eine Zug mit 100 km/h und der andere Zug mit 120 km/h fährt?

A. 260 km
B. 280 km
C. 320 km
D. 330 km
E. Keine Antwort ist richtig.

115) Die Mayer Industriegesellschaft möchte ihre Heizölkosten in Höhe von 14.700 € je nach Verbrauch auf ihre einzelnen Abteilungen umlegen. Als Verteilungsschlüssel soll die Quadratmeterfläche der Abteilungen zugrunde gelegt werden.

- Verwaltung: 320 m^2
- Produktion: 820 m^2
- Lager: 1.800 m^2

Wie hoch ist der Kostenanteil der Verwaltung?

A. 1.200 €
B. 1.400 €
C. 1.600 €
D. 1.800 €
E. Keine Antwort ist richtig.

116) Um einen Boden von 25 Metern Breite und 68 Metern Länge zu verlegen, werden 850 Bodenplatten benötigt. Wie viele Bodenplatten werden für eine Fläche von 2.500 Quadratmetern benötigt?

A. 800 Bodenplatten
B. 1.000 Bodenplatten
C. 1.250 Bodenplatten
D. 1.500 Bodenplatten
E. Keine Antwort ist richtig.

117) Eine Lagerhalle von 15 m $\times$ 30 m soll nach beiden Richtungen um ein Drittel verlängert werden. Wie viel Quadratmeter hat die Lagerhalle nach der Vergrößerung?

A. 400 m^2
B. 500 m^2
C. 600 m^2
D. 800 m^2
E. Keine Antwort ist richtig.

118) Zur Isolierung von vier Leitungen benötigt Herr Mayer ein spezielles Material. Dreieinhalb Meter davon kosten 70 €. Herr Mayer benötigt 3,5 m, 4,5 m, 5,0 m und 5,5 m. Wie teuer wird die Isolierung der Leitungen?

A. 240 €
B. 260 €
C. 340 €
D. 370 €
E. Keine Antwort ist richtig.

119) Bei einer Konferenz sind 6 Teilnehmer anwesend. Das sind $\frac{2}{14}$ der Belegschaft der gesamten Abteilung. Wie viele Mitarbeiter hat die Abteilung?

A. 42
B. 37
C. 28
D. 32
E. Keine Antwort ist richtig.

120) Herr Mayer möchte einem Kunden 90 kg Schrauben verschiedener Sorten zu einem Kilogrammpreis von 16 € anbieten. Hierfür möchte Herr Mayer folgende Schrauben verwenden:

- Schraube A: 35 kg zu 14 € je kg
- Schraube B: 45 kg zu 12 € je kg

Zudem möchte Herr Mayer dem Kunden eine dritte Sorte Schrauben verkaufen, die sehr hochwertig ist. Welchen Preis müsste diese dritte Sorte haben?

A. 15 €
B. 28 €
C. 38 €
D. 41 €
E. Keine Antwort ist richtig.

Schätzaufgaben

Bearbeitungszeit 10 Minuten

Versuchen Sie nicht, die folgenden Aufgaben vollständig auszurechnen: Sie sollen die Ergebnisse geschickt schätzen! Einen **Taschenrechner dürfen Sie dazu nicht benutzen**, auch **schriftliche Nebenrechnungen sind unzulässig.**

Bearbeitungstipps

Konzentrieren Sie sich auf die Endziffern der Operanden, um die letzte Stelle des Ergebnisses zu ermitteln.

Ergebnisbereiche lassen sich durch eine Überschlagsrechnung mit gerundeten Werten abschätzen. Aber Vorsicht: Kleine Abweichungen bei Faktoren, Dividenden und Divisoren können das Ergebnis stark verändern.

Beantworten Sie bitte die folgenden Aufgaben, indem Sie jeweils den richtigen Lösungsbuchstaben markieren.

121) 50 – 880 + 2.930,08 = ?

A. 2.300
B. 2.200,8
C. 2.100,08
D. 2.400
E. 2.200

122) 77 % von 130 % = ?

A. 95,2 %
B. 100,1 %
C. 114 %
D. 112,8 %
E. Keine Antwort ist richtig.

123) 2,1 × 2,1 = ?

A. 4,44
B. 4,41
C. 44,4
D. 4,1
E. 4,42

124) 36 × 45 + 208 = ?

A. 1.828
B. 1.198
C. 2.005
D. 1.926
E. Keine Antwort ist richtig.

125) $467{,}45 - 276{,}5 + 1.235{,}55 = ?$

A. 1.508,65
B. 1.492
C. 1.426,5
D. 1.284,5
E. Keine Antwort ist richtig.

126) $824 \times 886 = ?$

A. 730.064
B. 1.098.724
C. 654.068
D. 834.235
E. Keine Antwort ist richtig.

127) In welchem Bereich liegt das Ergebnis von:
$21.533 + 12.678 + 2.041?$

A. Zwischen 34.000 und 34.500
B. Zwischen 34.500 und 35.000
C. Zwischen 35.000 und 35.500
D. Zwischen 35.500 und 36.000
E. Zwischen 36.000 und 36.500

128) In welchem Bereich liegt das Ergebnis von:
$4{,}1 \times 3{,}7?$

A. Zwischen 12,5 und 13
B. Zwischen 13 und 13,8
C. Zwischen 13,9 und 14,6
D. Zwischen 14,6 und 15,5
E. Zwischen 15,5 und 15,9

129) $\sqrt{48.400} = ?$

A. 120
B. 200
C. 220
D. 320
E. 400

130) $(243 \div 2{,}105) \times \frac{3}{4} = ?$

A. 54,63
B. 86,579
C. 99,754
D. 112,867
E. Keine Antwort ist richtig.

Tabellen auswerten

Bearbeitungszeit 10 Minuten

Welche Informationen liefert die Tabelle?

Bitte analysieren Sie die Angaben und beantworten Sie die nachfolgenden Aufgaben, indem Sie jeweils den richtigen Buchstaben markieren.

Mietpreise in Deutschland

Durchschnitt für Wohnflächen pro Quadratmeter, ohne Nebenkosten
(Stand 2017)

West		Ost	
Dortmund	7,26 €	Berlin	10,98 €
Düsseldorf	11,41 €	Chemnitz	5,08 €
Essen	7,08 €	Dresden	8,47 €
Frankfurt	14,39 €	Eisenach	5,87 €
Hamburg	12,38 €	Erfurt	7,14 €
Köln	11,51 €	Gera	4,96 €
München	19,47 €	Leipzig	7,07 €
Stuttgart	15,57 €	Rostock	7,26 €

Quelle: www.wohnungsboerse.net

131) In München sind die Quadratmeterpreise fast ...?

A. doppelt so hoch wie in Gera.
B. halb so hoch wie in Gera.
C. dreimal so hoch wie in Gera.
D. viermal so hoch wie in Gera.
E. Keine Antwort ist richtig.

132) In Chemnitz sind die Quadratmeterpreise ...?

A. nicht einmal halb so hoch wie in Berlin.
B. fast dreimal so hoch wie in Berlin.
C. gut viermal so hoch wie in Berlin
D. mehr als doppelt so hoch wie in Berlin.
E. Keine Antwort ist richtig.

133) Wie viel Miete zahlt man pro Monat im Schnitt für eine 100 m^2-Wohnung in München?

A. 1.321 €
B. 1.564 €
C. 1.647 €
D. 1.947 €
E. Keine Antwort ist richtig.

134) Wie viel zahlt man für eine 100 m^2-Wohnung in Köln monatlich mehr als in Rostock?

A. 286 €
B. 304 €
C. 399 €
D. 425 €
E. Keine Antwort ist richtig.

135) Wie groß ist der Mietpreisunterschied pro Quadratmeter zwischen Köln und Düsseldorf?

A. 1,25 €
B. 0,50 €
C. 0,10 €
D. 2,15 €
E. Keine Antwort ist richtig.

136) Wie groß ist der Mietpreisunterschied pro Quadratmeter zwischen Hamburg und Leipzig?

A. 7,09 €
B. 6,15 €
C. 5,31 €
D. 5,99 €
E. Keine Antwort ist richtig.

137) Um das Preisniveau von Rostock zu erreichen, müsste der Quadratmeterpreis in Frankfurt …?

A. um ca. 56 % fallen.
B. um ca. 50 % fallen.
C. um ca. 53 % fallen.
D. um ca. 45 % fallen.
E. Keine Antwort ist richtig.

138) In Dortmund betragen die Quadratmeterpreise …?

A. weniger als ein Viertel der Mietpreise von Stuttgart.
B. weniger als ein Fünftel der Mietpreise von Stuttgart.
C. weniger als ein Drittel der Mietpreise von Stuttgart.
D. weniger als die Hälfte der Mietpreise von Stuttgart.
E. Keine Antwort ist richtig.

139) Ermitteln Sie den durchschnittlichen Quadratmeterpreis der westdeutschen Städte und der ostdeutschen Städte. Wie groß ist die Differenz?

A. 5,37 €
B. 4,96 €
C. 5,28 €
D. 6,41 €
E. Keine Antwort ist richtig.

140) Um das Preisniveau von Erfurt zu erreichen, müssten die Mietpreise in Eisenach …?

A. um rund 17 % steigen.
B. um rund 19 % steigen.
C. um rund 20 % steigen.
D. um rund 22 % steigen.
E. Keine Antwort ist richtig.

Mengenkalkulation

Bearbeitungszeit 5 Minuten

Zur Herstellung des Fertigerzeugnisses F_1 braucht man verschiedene Elemente E und Bauteile B. Das folgende Schaubild gibt Aufschluss über alle benötigten Materialien.

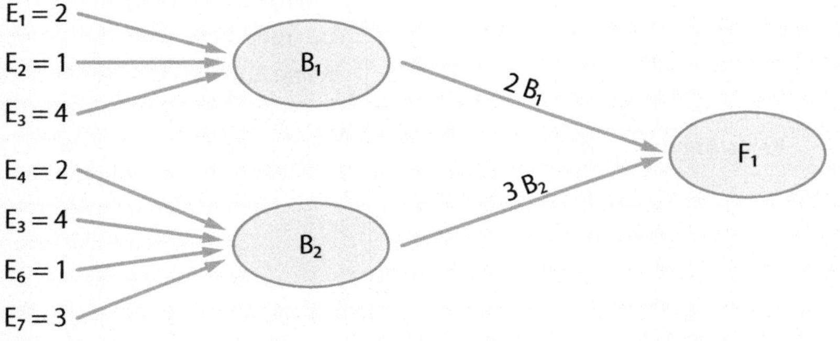

Hinweis: E = Elemente in Stk. | B = Bauteile in Stk. | F = Fertigerzeugnis in Stk.

141) Wie viele Elemente E werden zur Herstellung des Bauteils B_1 insgesamt benötigt?

A. 4

B. 5

C. 6

D. 7

E. Keine Antwort ist richtig.

142) Wie viele Elemente E werden zur Herstellung jeweils eines Bauteils B_1 und B_2 insgesamt benötigt?

A. 7

B. 10

C. 15

D. 17

E. Keine Antwort ist richtig.

143) Wie viele Elemente E_3 werden zur Herstellung eines Fertigerzeugnisses F_1 benötigt?

A. 4
B. 8
C. 12
D. 20
E. Keine Antwort ist richtig.

144) Für einen Kundenauftrag werden fünf Fertigerzeugnisse F_1 benötigt. Wie viele Elemente E_5 braucht man dafür insgesamt?

A. 1
B. 3
C. 4
D. 6
E. Keine Antwort ist richtig.

145) Wie viele Elemente E_1 würden für ein neues Fertigerzeugnis F_2 benötigt, das aus zwei Fertigerzeugnissen F_1 besteht?

A. 4
B. 8
C. 12
D. 60
E. Keine Antwort ist richtig.

Diagramm-Aufgaben

Bearbeitungszeit 5 Minuten

Welche Informationen liefert das Diagramm?

Bitte analysieren Sie das Schaubild und beantworten Sie die nachfolgenden Aufgaben, indem Sie jeweils den richtigen Lösungsbuchstaben markieren.

Anteil der Energieträger an der Stromerzeugung in Deutschland

Vergleich 2011–2021, Angaben in Milliarden Kilowattstunden (kWh)

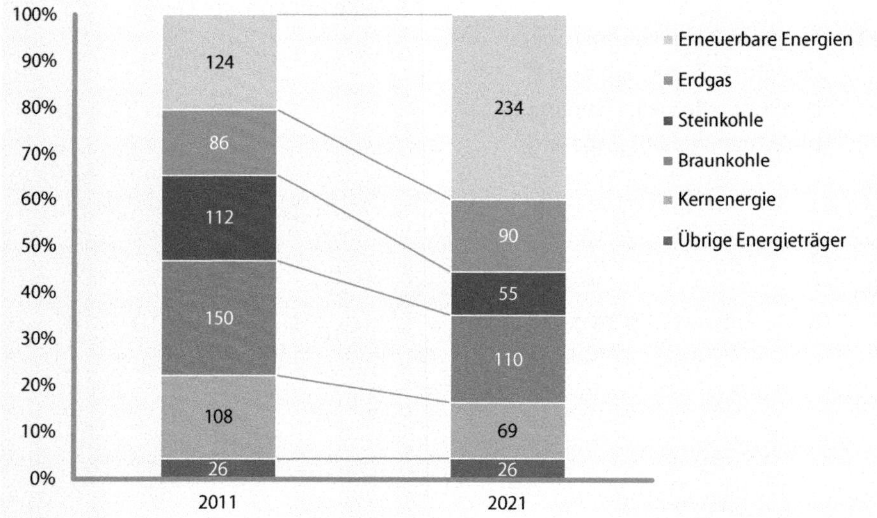

Quelle: Statistisches Bundesamt, AG Energiebilanzen e.V.

146) Wie groß war die Jahresmenge der Energieerzeugung in Deutschland 2021?

A. 503 Mrd. kWh
B. 527 Mrd. kWh
C. 584 Mrd. kWh
D. 557 Mrd. kWh
E. Keine Antwort ist richtig.

147) Wie groß war die durchschnittliche Monatsmenge der Energieerzeugung im Jahr 2011?

A. 56,5 Mrd. kWh
B. 50,5 Mrd. kWh
C. 47,6 Mrd. kWh
D. 57,3 Mrd. kWh
E. Keine Antwort ist richtig.

148) Wie stark nahm die durch Kernenergie erzeugte Energiemenge von 2011 bis 2021 ab, prozentual auf die Erzeugungsmenge von 2011 bezogen? Runden Sie das Ergebnis bitte auf eine Nachkommastelle.

A. 44,8 %
B. 36,1 %
C. 35,6 %
D. 37,4 %
E. Keine Antwort ist richtig.

149) Die Windkraft war 2021 mit rund 49 % Produktionsanteil der größte Erzeuger im Bereich erneuerbare Energien. Wie groß war die durch sie erzeugte Jahresmenge an Energie?

A. Ca. 115 Mrd. kWh
B. Ca. 118 Mrd. kWh
C. Ca. 123 Mrd. kWh
D. Ca. 113 Mrd. kWh
E. Keine Antwort ist richtig.

150) Wie hat sich der prozentuale Anteil des Energieträgers Erdgas an der insgesamt erzeugten Energiemenge von 2011 bis 2021 entwickelt?

A. Um weniger als 1 Prozentpunkt gesunken
B. Um mehr als 1 Prozentpunkt gesunken
C. Um weniger als 1 Prozentpunkt gestiegen
D. Um mehr als 1 Prozentpunkt gestiegen
E. Keine Antwort ist richtig.

Geometrie

Bearbeitungszeit 5 Minuten

Nun müssen Sie geometrische Zusammenhänge untersuchen.

Beantworten Sie bitte die folgenden Aufgaben, indem Sie jeweils den richtigen Lösungsbuchstaben markieren.

151) Wie groß ist das Volumen (V) des abgebildeten Quaders?

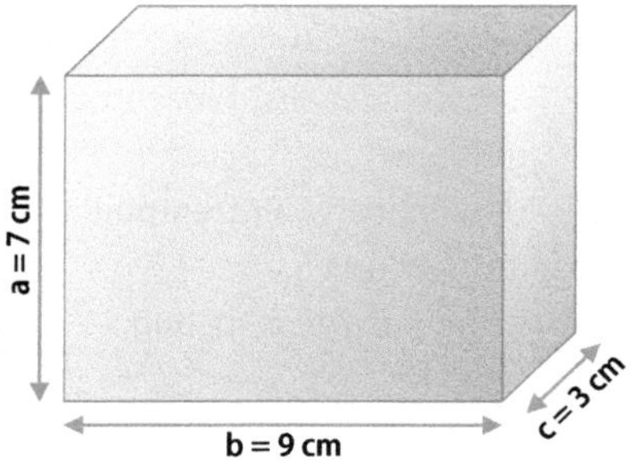

A. 127 cm^3
B. 198 cm^3
C. 256 cm^3
D. 156 cm^3
E. 189 cm^3

152) Ein Konferenzraum ist 6 Meter breit, 7 Meter lang und hat ein Volumen von 126 Kubikmetern. Wie hoch ist der Raum?

A. 1,5 m
B. 2 m
C. 2,5 m
D. 300 cm
E. Keine Antwort ist richtig.

153) Herr Klein möchte in seinem rechteckigen Wohnzimmer neue Parkettleisten verlegen. Das Zimmer ist 5,40 Meter lang und 4,50 Meter breit. Die Tür – Breite: 1,20 Meter – will er aussparen. Wie viele Meter Parkettleiste benötigt er?

A. 11,50 m
B. 15,20 m
C. 17,40 m
D. 18,60 m
E. 19,30 m

154) Eine Kugel hat einen Durchmesser (d) von 12 Zentimetern. Wie groß ist ihr Volumen? Das Kugelvolumen berechnet sich nach der Formel:

$$V = \frac{4}{3} \pi \times r^3$$

A. Rund 1.609,02 cm^2
B. Rund 1.309,18 cm^3
C. Rund 210,34 cm^2
D. Rund 486,46 cm^3
E. Rund 904,32 cm^3

155) Wie groß sind die Winkel α und β im abgebildeten gleichschenkligen Dreieck?

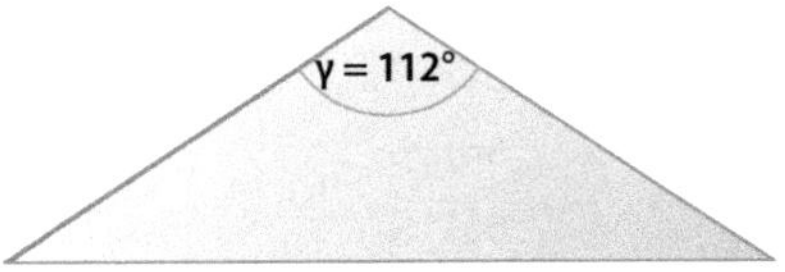

A. 25°
B. 40°
C. 30°
D. 60°
E. 34°

Lösungen: Mathematik

1) D	31)	61) 10
2) C	32)	62) 24
3) C	33)	63) 5
4) D	34)	64) 5
5) B	35)	65) 9
6) D	36)	66) 24
7) C	37)	67) 7
8) B	38) siehe Erklärung	68) 21
9) B	39)	69) 11
10) D	40)	70) 85
11) D	41)	71) 6
12) B	42)	72) 4
13) B	43)	73) 2
14) A	44)	74) 15
15) C	45)	75) 64
16) B	46) + | ×	76) C
17) C	47) ÷ | +	77) D
18) D	48) − | ×	78) B
19) A	49) ÷ | +	79) C
20) D	50) × | −	80) A
21) C	51) × | −	81) D
22) C	52) × | ÷	82) E
23) A	53) − | +	83) D
24) D	54) × | −	84) C
25) C	55) × | ×	85) A
26) B	56) ÷ | +	86) D
27) B	57) − | ×	87) B
28) A	58) + | ÷	88) A
29) C	59) − | +	89) C
30) D	60) ÷ | −	90) A

91) D	**113)** A	**135)** C
92) D	**114)** D	**136)** C
93) B	**115)** C	**137)** B
94) D	**116)** C	**138)** D
95) A	**117)** D	**139)** C
96) C	**118)** D	**140)** D
97) C	**119)** A	**141)** D
98) D	**120)** D	**142)** D
99) C	**121)** C	**143)** D
100) D	**122)** B	**144)** E
101) B	**123)** B	**145)** B
102) C	**124)** A	**146)** C
103) D	**125)** C	**147)** B
104) B	**126)** A	**148)** B
105) D	**127)** E	**149)** A
106) C	**128)** D	**150)** D
107) B	**129)** C	**151)** E
108) C	**130)** B	**152)** D
109) B	**131)** D	**153)** D
110) C	**132)** A	**154)** E
111) C	**133)** D	**155)** E
112) D	**134)** D	

Bruchrechnen (Aufgaben 1–10)

Zu 1) D. 0,5

Brüche werden subtrahiert, indem man den kleinsten gemeinsamen Nenner findet, die Zähler subtrahiert und den Nenner beibehält. Anschließend ist das Ergebnis hier in eine Dezimalzahl umzuwandeln.

$$\frac{10}{4}-\frac{4}{2}=\frac{10}{4}-\frac{8}{4}=\frac{2}{4}=\frac{1}{2}=0,5$$

Zu 2) C. $\frac{18}{4}$

Brüche werden addiert, indem man den kleinsten gemeinsamen Nenner findet, die Zähler addiert und den Nenner beibehält.

$$\frac{10}{4}+\frac{4}{2}=\frac{10}{4}+\frac{8}{4}=\frac{18}{4}$$

Zu 3) C. $\frac{5}{4}$

Brüche werden dividiert, indem man mit dem Kehrwert multipliziert. Anschließend ist das Ergebnis so weit wie möglich zu kürzen.

$$\frac{10}{4}\div\frac{4}{2}=\frac{10}{4}\times\frac{2}{4}=\frac{20}{16}=\frac{5}{4}$$

Zu 4) D. 5

Brüche werden multipliziert, indem man Zähler mit Zähler sowie Nenner mit Nenner multipliziert. Anschließend ist das Ergebnis so weit wie möglich zu kürzen.

$$\frac{10}{4}\times\frac{4}{2}=\frac{40}{8}=\frac{5}{1}=5$$

Zu 5) B. 6

Gemischte Zahlen sollten zunächst in reine Brüche umgewandelt werden. Anschließend ist das Ergebnis so weit wie möglich zu kürzen.

$$4\frac{8}{4}=\frac{24}{4}=6$$

Zu 6) D. $1\frac{1}{2}$

Ein Bruch wird mit einer ganzen Zahl multipliziert, indem man den Nenner beibehält und den Zähler mit der ganzen Zahl multipliziert. Anschließend ist das Ergebnis so weit wie möglich zu kürzen.

$$\frac{4}{8}\times 3=\frac{12}{8}=\frac{3}{2}=1\frac{1}{2}$$

Zu 7) C. 16,25

Gemischte Zahlen sollten zunächst in reine Brüche umgewandelt werden. Brüche werden multipliziert, indem man Nenner mit Nenner sowie Zähler mit Zähler malnimmt. Anschließend ist das Ergebnis hier in eine Dezimalzahl umzuwandeln.

$$6\frac{2}{4}\times 2\frac{2}{4}=\frac{26}{4}\times\frac{10}{4}=\frac{260}{16}=16{,}25$$

Zu 8) B. 2,6

Gemischte Zahlen sollten zunächst in reine Brüche umgewandelt werden. Brüche werden dividiert, indem man mit dem Kehrwert multipliziert. Anschließend ist das Ergebnis so weit wie möglich zu kürzen.

$$6\frac{2}{4}\div 2\frac{2}{4}=\frac{26}{4}\div\frac{10}{4}=\frac{26}{4}\times\frac{4}{10}=\frac{104}{40}$$

$$=2\frac{3}{5}=2{,}6$$

Zu 9) B. 9

Fassen Sie Additionen und Subtraktionen geschickt zusammen:

$$\frac{1}{3}+3\frac{2}{3}+9{,}5=13{,}5$$

$$-3-1{,}5=-4{,}5$$

$$13{,}5-4{,}5=9$$

Zu 10) D. 1.040

Beachten Sie die Punkt-vor-Strich-Regel bei 40 × ¼. Der Rest ist schnell berechnet.

$$40 \times \frac{1}{4} + \frac{2}{4} + 1.029 + 0,5$$
$$= 10 + 0,5 + 1.029 + 0,5 = 1.040$$

Kettenrechnen (Aufgaben 11–20)

Zu 11) D. 6

Zu 12) B. 333

Zu 13) B. 20

Zu 14) A. 55

Zu 15) C. 88

Zu 16) B. 66

Zu 17) C. 100

Zu 18) D. 55

Zu 19) A. 9

Zu 20) D. 5

Kopfrechnen (Aufgaben 21–30)

Zu 21) C. 57

Beachten Sie die Punkt-vor-Strich-Regel.

$21 + 12 \times 3 = 21 + 36 = 57$

Zu 22) C. –9

Beachten Sie die Punkt-vor-Strich-Regel.

$6 - (3 + 2) \times 3 = 6 - 5 \times 3 = 6 - 15$
$= -9$

Zu 23) A. 4

Beachten Sie die Punkt-vor-Strich-Regel.

$-4 \times 2 = -8$

$(-3) \times 4 = -12$

$-8 - (-12) = 4$

Zu 24) D. 218.503

$$\begin{array}{lr} & 554.616 \\ - & 336.113 \\ \scriptstyle - & \scriptstyle 1\quad\quad\; \\ \hline = & 218.503 \end{array}$$

Zu 25) C. 19.202

$$\begin{array}{lr} & 8.648 \\ + & 9.576 \\ + & 978 \\ \scriptstyle + & \scriptstyle 2\;\,2\;2\;\; \\ \hline = & 19.202 \end{array}$$

Zu 26) B. 14.612

$$\begin{array}{lr} & 12.082 \\ + & 2.376 \\ + & 156 \\ + & 21 \\ \hline = & 14.614 \end{array}$$

Zu 27) B. 4

Zuerst sind die Klammern auszurechnen – angefangen bei der kleinen Klammer.

$(7 - (4 + 2)) \times 4 = (7 - 6) \times 4 = 1 \times 4$
$= 4$

Zu 28) A. –64

Potenzrechnung geht in diesem Fall vor Strichrechnung:

$-4^3 = -(4^3) = -(4 \times 4 \times 4) = -64$

Zu 29) C. $\frac{16}{4}$

$$\frac{2}{8} + 3\frac{3}{4} = \frac{1}{4} + \frac{15}{4} = \frac{16}{4}$$

Gemischte Zahlen sollten in Brüche umgewandelt werden. Danach werden die Brüche addiert, indem man den gemeinsamen Nenner findet, diesen beibehält und die Zähler miteinander addiert.

Zu 30) D. 99

Eine Division durch ⅓ entspricht einer Multiplikation mit 3:

$$33 \div \frac{1}{3} = 33 \times 3 = 99$$

Gleichungen bilden (Aufgaben 31–45, Musterlösungen)

Zu 31)–45)

$2 + 3 = 5$

$3 + 4 = 7$

$8 + 2 = 10$

$5 + 3 = 8$

$4 \times 4 = 2 \times 8$

$2 \times 11 = 20 + 2$

$4 \times 7 = 20 + 8$

$4 + 4 = 8$

$2 \times 3 = 8 - 2$

$3 \times 3 = 20 - 11$

$4 \times 3 = 16 - 4$

$5 + 5 = 10$

$4 \times 20 = 8 \times 10$

$7 - 3 = 4$

$7 - 2 = 5$

$20 - 16 = 4$

$16 + 4 = 20$

$10 - 4 \div 2 = 8$

$11 - 8 \div 2 = 7$

$8 \div 10 = 16 \div 20$

$20 - 3 = 10 + 7$

$3 + 8 = 11$

$2 \times 2 \times 2 \times 2 \times 2 \times 2 = 4 \times 4 \times 4$

$20 \times 4 \div 2 = 2 \times 2 \times 2 \times 5$

$7 + 7 + 4 + 2 = 20$

$8 - 7 = 11 - 10$

$20 \times 16 = 10 \times 10 + 2 \times 10 \times 11$

$10 \times 20 \div 5 \div 4 = 16 \times 5 \div 8$

$20 \div 5 \times 4 = 8 \times 4 \div 2$

$3 + 7 = 10$

Aufgrund der unendlich großen Menge an korrekten Rechnungen finden Sie hier nur eine Auswahl.

Bitte überprüfen Sie Ihre Lösungen mit einem Taschenrechner.

Rechenzeichen ergänzen (Aufgaben 46–60)

Zu 46) $6 \underline{+} 2 \underline{\times} 3 = 6 + 6 = 12$

Zu 47) $18 \underline{\div} 9 \underline{+} 9 = 2 + 9 = 11$

Zu 48) $7 \underline{-} 2 \underline{\times} 3 = 7 - 6 = 1$

Zu 49) $15 \underline{\div} 3 \underline{+} 4 = 5 + 4 = 9$

Zu 50) $2 \underline{\times} 8 \underline{-} 7 = 9$

Zu 51) $12 \underline{\times} 2 \underline{-} 8 = 24 - 8 = 16$

Zu 52) $3 \underline{\times} 6 \underline{\div} 2 = 18 \div 2 = 9$

Zu 53) $17 \underline{-} 9 \underline{+} 3 = 11$

Zu 54) $7 \underline{\times} 2 \underline{-} 9 = 14 - 9 = 5$

Zu 55) $2 \underline{\times} 3 \underline{\times} 2 = 6 \times 2 = 12$

Zu 56) $9 \underline{\div} 3 \underline{+} 5 = 3 + 5 = 8$

Zu 57) $17 \underline{-} 3 \underline{\times} 5 = 17 - 15 = 2$

Zu 58) $7 \underline{+} 9 \underline{\div} 3 = 7 + 3 = 10$

Zu 59) $8 \underline{-} 2 \underline{+} 1 = 7$

Zu 60) $18 \underline{\div} 3 \underline{-} 2 = 6 - 2 = 4$

Vertauschte Operatoren (Aufgaben 61–75)

Zu 61) $8 + 2 = \mathbf{10}$

Zu 62) $96 \div 4 = \mathbf{24}$

Zu 63) $7 - 2 = \mathbf{5}$

Zu 64) $15 \div 3 = \mathbf{5}$

Zu 65) $3 + 6 = \mathbf{9}$

Zu 66) $4 \times 6 = \mathbf{24}$

Zu 67) $35 \div 5 = \mathbf{7}$

Zu 68) $3 \times 7 = \mathbf{21}$

Zu 69) $3 + 8 = \mathbf{11}$

Zu 70) $102 - 17 = \mathbf{85}$

Zu 71) $1 + 5 = \boldsymbol{6}$

Zu 72) $20 \div 5 = \boldsymbol{4}$

Zu 73) $14 \div 7 = \boldsymbol{2}$

Zu 74) $30 - 15 = \boldsymbol{15}$

Zu 75) $8 \times 8 = \boldsymbol{64}$

Maßeinheiten umrechnen (Aufgaben 76–85)

Zu 76) C. 24,345

Ein Zentimeter entspricht 0,1 Dezimetern, also ergeben 243,45 Zentimeter 24,345 Dezimeter:

$243{,}45 \times 0{,}1 \text{ dm} = 24{,}345 \text{ dm}$

Zu 77) D. 347

Ein Zentimeter entspricht 10 Millimetern, also ergeben 34,7 Zentimeter 347 Millimeter:

$34{,}7 \times 10 \text{ mm} = 347 \text{ mm}$

Zu 78) B. 1.050 kg

Eine Tonne entspricht 1.000 Kilogramm, also ergeben 1,05 Tonnen 1.050 Kilogramm:

$1{,}05 \times 1.000 \text{ kg} = 1.050 \text{ kg}$

Zu 79) C. 2,5

Ein Liter entspricht 10 Dezilitern, also ergeben 0,25 Liter 2,5 Deziliter:

$0{,}25 \times 10 \text{ dl} = 2{,}5 \text{ dl}$

Zu 80) A. 6.800.000

Ein Quadratkilometer umfasst 1.000.000 Quadratmeter, also umfassen 6,8 Quadratkilometer 6,8 Mio. Quadratmeter:

$6{,}8 \times 1.000.000 \text{ m}^2 = 6.800.000 \text{ m}^2$

Zu 81) D. 21.700.000

Eine Tonne entspricht 1.000 Kilogramm bzw. 1.000.000 Gramm, also ergeben 21,7 Tonnen 21,7 Mio. Gramm:

$21{,}7 \times 1.000.000 \text{ g} = 21.700.000 \text{ g}$

Zu 82) E. Keine Antwort ist richtig.

Liter (l) ist eine Maßeinheit für Rauminhalte, Quadratmeter (m^2) eine Maßeinheit für Flächen. Volumen- und Flächenmaße lassen sich nicht ineinander umrechnen.

Zu 83) D. 43.200 cm^2

Die Bühnenfläche beträgt 43.200 cm^2.

Ein Meter entspricht 100 Zentimetern, demnach ergibt sich:

$\text{Bühnenfläche} = 1{,}80 \text{ m} \times 2{,}40 \text{ m}$
$= 180 \text{ cm} \times 240 \text{ cm} = 43.200 \text{ cm}^2$

Zu 84) C. 13.500

Ein Liter entspricht 1.000 Kubikzentimetern, also ergeben 13,5 Liter 13.500 Kubikzentimeter:

$13{,}5 \times 1.000 \text{ cm}^3 = 13.500 \text{ cm}^3$

Zu 85) **A.** 388.800 Sekunden

4,5 Tage haben 388.800 Sekunden:

$4{,}5 \times 24\ h = 108\ h$

$108 \times 60\ min = 6.480\ min$

$6.480 \times 60\ s = 388.800\ s$

Dreisatz (Aufgaben 86–95)

Zu 86) **D.** 8 Mitarbeiter

Herr Mayer müsste acht Mitarbeiter einsetzen, um den Auftrag in 20 Stunden zu bewältigen.

$4 \times 40\ h = 160\ h$ Gesamtzeit

$160\ h \div 20\ h = 8$ Mitarbeiter

Zu 87) **B.** 10

Sechs Arbeiter brauchen zehn Stunden für die gleiche Arbeit.

10 Arbeiter $\times\ 6\ h = 60\ h$ Gesamtzeit

$60\ h \div 6$ Arbeiter $= 10\ h$

Zu 88) **A.** 1

Jeder Mitarbeiter müsste eine Überstunde machen.

9 (Mitarbeiter) $\times\ 8\ h = 72\ h$

$72\ h \div 8$ (Mitarbeiter) $= 9\ h$

$9\ h - 8\ h = 1$ Überstunde pro Mitarbeiter

Zu 89) **C.** 840 kWh

Der Stromverbrauch würde 840 kWh betragen.

420 kWh $\div$ 6 Maschinen $\div$ 2 d $=$ 35 kWh pro Maschine pro Tag

35 kWh $\times$ 8 (Maschinen) $\times$ 3 (Tage) $=$ 840 kWh

Zu 90) **A.** 500 t

Zur Gewinnung von drei kg Gold benötigt man 500 t Erz.

$3.000\ g \div 6\ g \times 1\ t = 500\ t$

Zu 91) **D.** 1,5 Stunden

Ein einziger Fliesenleger würde für die gleiche Arbeit das Dreifache an Zeit benötigen:

$3 \times 3{,}5\ h = 10{,}5\ h$

7 Fliesenleger erledigen die Arbeit in $\frac{1}{7}$ dieser Zeit:

$10{,}5\ h \div 7 = 1{,}5\ h$

7 Fliesenleger verlegen die Fliesen im Badezimmer in 1,5 Stunden.

Zu 92) **D.** 8 Mitarbeiter

Es müssen acht Mitarbeiter eingesetzt werden, damit der Auftrag in vier Stunden fertiggestellt werden kann.

$8\ h \times 4 = 32\ h$

$32\ h \div 4\ h = 8$ Mitarbeiter

Zu 93) **B.** 24 Mitarbeiter

Herr Mayer müsste 24 Mitarbeiter einsetzen, um mit dem Auftrag in 10 Tagen fertig zu werden.

20 Mitarbeiter × 12 d = 240 d Gesamtzeit

240 ÷ 10 d = 24 Mitarbeiter

Zu 94) D. 22 Mitarbeiter

Herr Mayer müsste für den zweiten Auftrag 22 Mitarbeiter einsetzen.

8 Mitarbeiter × 8 d × 8 h = 512 h

512 h ÷ 40 Stahlträger = 12,8 h pro Stahlträger

12,8 × 55 Stahlträger = 704 h

704 h ÷ 4 d ÷ 8 h = 22 Mitarbeiter

Zu 95) A. 900 kg

Für den Kundenauftrag werden 900 kg Blech benötigt.

1.500 kg ÷ 200 Teile = 7,5 kg pro Ersatzteil

7,5 kg × 120 Ersatzteile = 900 kg

Prozentrechnen (Aufgaben 96–105)

Zu 96) C. 1.000 €

Herr Mayer spart durch den Rabatt einen Betrag von 1.000 €.

$$\text{Prozentwert} = \frac{\text{Grundwert} \times \text{Prozentsatz}}{100}$$

$$\text{Prozentwert} = \frac{10.000\,€ \times 10\,\%}{100} = 1.000\,€$$

Zu 97) C. 30 %

30 % der Mitarbeiter arbeiten weder im Büro noch in der Produktion.

Anteil Mitarbeiter Büro und Produktion:

$$\frac{2}{5} + \frac{3}{10} = \frac{4}{10} + \frac{3}{10} = \frac{7}{10}$$

Weder Büro noch Produktion:

$$80 - (80 \times \frac{7}{10}) = 80 - 56$$

= 24 Mitarbeiter

$$\text{Prozentsatz} = \frac{\text{Prozentwert} \times 100}{\text{Grundwert}}$$

$$\text{Prozentsatz} = \frac{24 \times 100}{80} = 30\,\%$$

Zu 98) D. 175 €

Herr Müller erhält zukünftig 175 € mehr Gehalt.

$$\text{Prozentwert} = \frac{\text{Grundwert} \times \text{Prozentsatz}}{100}$$

$$\text{Prozentwert} = \frac{3.500\,€ \times 5\,\%}{100} = 175\,€$$

Zu 99) C. 100 €

Herr Mayer würde 100 € sparen.

$$\text{Prozentwert} = \frac{\text{Grundwert} \times \text{Prozentsatz}}{100}$$

$$\text{Prozentwert} = \frac{5.000\,€ \times 2\,\%}{100} = 100\,€$$

Zu 100) D. 15 %

Die Preisreduzierung beträgt 15 Prozent.

Differenz: 19.600 € – 16.660 € = 2.940 €

$$\text{Prozentsatz} = \frac{\text{Prozentwert} \times 100}{\text{Grundwert}}$$

$$\text{Prozentsatz} = \frac{2.940\,€ \times 100}{19.600\,€} = 15\,\%$$

Zu 101) B. 20 %

Herr Mayer hat 20 Prozent einsparen können.

Ersparnis = 18.000 € – 14.400 € = 3.600 €

$$\text{Prozentsatz} = \frac{\text{Prozentwert} \times 100}{\text{Grundwert}}$$

$$\text{Prozentsatz} = \frac{3.600\,€ \times 100}{18.000\,€} = 20\,\%$$

Zu 102) C. 40 %

Herr Mayer würde 40 Prozent Gewinn erzielen.

Gewinnbetrag = 25.200 € – 18.000 € = 7.200 €

$$\text{Prozentsatz} = \frac{\text{Prozentwert} \times 100}{\text{Grundwert}}$$

$$\text{Prozentsatz} = \frac{7.200\,€ \times 100}{18.000\,€} = 40\,\%$$

Zu 103) D. 12

Herr Mayer beschäftigt 12 Frauen.

$$\text{Prozentwert} = \frac{\text{Grundwert} \times \text{Prozentsatz}}{100}$$

$$\text{Prozentwert} = \frac{60 \times 20\,\%}{100} = 12$$

Zu 104) B. 14.000 €

Der Sonderposten hat im Einkauf 14.000 € gekostet.

$$\text{Grundwert} = \frac{\text{Prozentwert} \times 100}{\text{Prozentsatz}}$$

$$\text{Grundwert} = \frac{14.840\,€ \times 100}{106} = 14.000\,€$$

Zu 105) D. 80 %

80 % der wahlberechtigten Beschäftigten haben bei der Betriebsratswahl gewählt.

$$\text{Prozentsatz} = \frac{\text{Prozentwert} \times 100}{\text{Grundwert}}$$

$$\text{Prozentsatz} = \frac{68 \times 100}{85} = 80\,\%$$

Gemischte Textaufgaben (Aufgaben 106–120)

Zu 106) C. 40 km

Die Strecke beträgt 40 Kilometer.

30 min = 0,5 h

0,5 h × 80 km/h = 40 km

Zu 107) B. 16,5 l

Auszubildender Müller würde für die Strecke 16,5 Liter Kraftstoff verbrauchen.

7,5 l ÷ 100 km × 220 km = 16,5 Liter

Zu 108) C. 180 km/h

Herr Mayer müsste mit einer Durchschnittsgeschwindigkeit von 180 km/h fahren.

6 h × 120 km/h = 720 km

720 km ÷ 4 h = 180 km/h

Zu 109) B. 0,45 €

Die Mayer Industriegesellschaft zahlt einen durchschnittlichen Heizölpreis von 0,45 € pro Liter.

10.000 l × 0,45 € = 4.500 €

12.000 l × 0,42 € = 5.040 €

8.000 l × 0,48 € = 3.840 €

6.000 l × 0,49 € = 2.940 €

Summe: 36.000 l für 16.320 €

Durchschnitt: 16.320 € ÷ 36.000 l
= 0,453 €/l

Zu 110) C. 3 €

Das Kilogramm Birnen kostet 3 €.

Äpfel: 10 kg × 2,50 €/kg = 25 €

Birnen: 55 € – 25 € = 30 €

30 € ÷ 10 kg = 3 € pro kg Birnen

Zu 111) C. 600

Auszubildende Claudia würde für die gleiche Strecke 600 Schritte benötigen.

480 × 1,4 m = 672 m

672 m ÷ 1,12 m = 600

Zu 112) D. 19,25 €

Der Betrag pro Auszubildendem lautet 19,25 €.

14 × 16,50 € = 231 €

231 € ÷ 12 = 19,25 €

Zu 113) A. $\frac{1}{35}$

Die Reststrecke nach der Bahnreise beträgt $\frac{1}{7}$ der Gesamtstrecke. Wenn $\frac{4}{5}$ dieser Reststrecke mit dem Taxi zurückgelegt werden, beträgt der dann noch zu absolvierende Streckenanteil $\frac{1}{5}$ von $\frac{1}{7}$, also $\frac{1}{35}$ der gesamten Distanz.

Zu 114) D. 330 km

Die beiden Züge sind nach 1,5 Stunden 330 km voneinander entfernt.

Geschwindigkeit, mit der sich die Züge voneinander entfernen:

100 km/h + 120 km/h = 220 km/h

11:30 Uhr – 10:00 Uhr = 90 min = 1,5 h

220 km/h × 1,5 h = 330 km

Zu 115) C. 1.600 €

Der Heizkostenanteil für die Verwaltung beträgt 1.600 €.

Gesamtfläche aller Abteilungen:
$320\ m^2 + 820\ m^2 + 1.800\ m^2 = 2.940\ m^2$

Heizölkosten pro Quadratmeter:
$14.700\ € \div 2.940\ m^2 = 5\ €/m^2$

Kostenanteil der Verwaltung:
$320\ m^2 \times 5\ €/m^2 = 1.600\ €$

Zu 116) C. 1.250 Bodenplatten

Für 2.500 Quadratmeter Boden werden 1.250 Bodenplatten benötigt.

$25\ m \times 68\ m = 1.700\ m^2$

$1.700\ m^2 \div 850$ Platten $= 2\ m^2$ pro Bodenplatte

$2.500\ m^2 \div 2\ m^2 = 1.250$ Bodenplatten

Zu 117) D. $800\ m^2$

Die Lagerhalle hätte eine Größe von $800\ m^2$.

$15\ m + \frac{15}{3}\ m = 20\ m$ Breite

$30\ m + \frac{30}{3}\ m = 40\ m$ Länge

$20\ m \times 40\ m = 800\ m^2$

Zu 118) D. 370 €

Die Isolierung der Leitungen würde 370 € kosten.

70 € ÷ 3,5 m = 20 € pro Meter

3,5 m + 4,5 m + 5,0 m + 5,5 m = 18,50 m

18,50 m × 20 €/m = 370 €

Zu 119) A. 42

Wenn 6 Teilnehmer einem Anteil von $\frac{2}{14}$ entsprechen, entsprechen 3 Anwesende einem Anteil von $\frac{1}{14}$. Die ganze Abteilung hat demnach vierzehn Mal so viele Mitarbeiter – insgesamt 42.

Zu 120) D. 41 €

Die dritte Sorte muss 41 Euro pro Kilogramm kosten.

Gesamtpreis: 90 kg × 16 € = 1.440 €

Preis Sorten A und B: 35 kg × 14 € + 45 kg × 12 € = 1.030 €

Verbleibender Betrag: 1.440 € – 1.030 € = 410 €

Verbleibendes Gewicht: 90 kg – 45 kg – 35 kg = 10 kg

Preis Sorte C: 410 € ÷ 10 kg = 41 € pro kg

Schätzaufgaben (Aufgaben 121–130)

Zu 121) C. 2.100,08

Durch den Summanden 2.930,08 erhält das Ergebnis die Nachkommastellen 08. Daher kommt nur Vorschlag C infrage.

Zu 122) B. 100,1 %

77 % entsprechen ungefähr drei Vierteln (75 %). 130 % entsprechen ungefähr vier Dritteln (133 %). Bringt man die Werte in Bruchform, lässt sich das Ergebnis schnell abschätzen:

$\frac{3}{4} \times \frac{4}{3} = \frac{12}{12} = 1 = 100\,\%$

Zu 123) B. 4,41

Die Multiplikation der letzten Ziffern ergibt $1 \times 1 = 1$, die gesuchte Zahl endet also auf 1. Zudem muss das Ergebnis zwei Nachkommastellen haben. Beide dieser Bedingungen erfüllt nur Antwort B.

Zu 124) A. 1.828

Die letzte Ziffer der Lösung lässt sich berechnen, indem man nur die Endziffern der einzelnen Werte betrachtet:

$6 \times 5 + 8 = 38$ (Punkt- vor Strichrechnung)

Die letzte Ziffer des Endergebnisses lautet also 8. Per Überschlag stellt man außerdem fest, dass das Endergebnis zwischen 1.200 (30×40) und 2.000 (40×50) liegen muss. Beide dieser Bedingungen erfüllt nur Antwort A.

Zu 125) C. 1.426,5

Die Nachkommastellen lassen sich geschickt umgruppieren und gesondert berechnen:

$0{,}45 - 0{,}5 + 0{,}55 = 0{,}45 + 0{,}55 - 0{,}5$
$= 0{,}5$

Die Nachkommastelle der Lösung lautet also 0,5. Mit gerundeten Hunderterwerten lässt sich das Ergebnis außerdem wie folgt überschlagen:

$4{,}7 - 2{,}8 + 12{,}3 = 14{,}2$

Beide dieser Bedingungen erfüllt nur Antwort C.

Zu 126) A. 730.064

Die letzte Ziffer der Lösung lässt sich berechnen, indem man nur die Endziffern der einzelnen Werte betrachtet:

$4 \times 6 = 24$

Die letzte Ziffer des Endergebnisses lautet also 4. Da zwei dreistellige Zahlen multipliziert werden, kann die Lösung außerdem höchstens sechsstellig sein. Beide dieser Bedingungen erfüllt nur Antwort A.

Zu 127) E. Zwischen 36.000 und 36.500

Die angegebenen Zahlenblöcke decken jeweils 500er-Bereiche ab, daher empfiehlt sich der Überschlag mit Hunderterwerten: 215 + 126 + 20 = 361 (also 36.100). Somit muss die richtige Antwort E lauten: Alle übrigen Lösungsvorschläge liegen unter dem geschätzten Wert, doch das tatsächliche Ergebnis ist aufgrund der vernachlässigten Zehner und Einer sogar noch etwas höher.

Zu 128) D. Zwischen 14,6 und 15,5

Runden Sie zunächst den Faktor, der am nächsten an einer ganzen Zahl liegt, und multiplizieren Sie ihn mit dem anderen Faktor: $4 \times 3{,}7 = 14{,}8$. Somit kommen Sie dem tatsächlichen Ergebnis ausreichend nahe, da die vernachlässigte Nachkommastelle 0,1 nur zu einer geringen Erhöhung führen kann ($0{,}1 \times 3{,}7 = 0{,}37$).

Zu 129) C. 220

Da $200 \times 200 = 40.000$ ergibt und $300 \times 300 = 90.000$ ergibt, muss das Ergebnis zwischen 200 und 300 liegen. Als richtige Lösung kommt somit nur Antwort C infrage.

Zu 130) B. 86,579

Die Klammer ist in dieser Aufgabe eigentlich überflüssig – lassen Sie sich daher von ihr nicht irritieren. Die Lösung lässt sich einfacher schätzen, wenn man statt von 243 vom handlicheren Wert 240 ausgeht und ihn durch 2 teilt. Demnach ist zu berechnen:

$240 \div 2 \times \frac{3}{4} = 120 \times \frac{3}{4} = \frac{360}{4} = 90$

Dieser Wert ist eine ausreichende Annäherung an das genaue Endergebnis.

Tabellen auswerten (Aufgaben 131–140)

Zu 131) D. viermal so hoch wie in Gera.

In München sind die Quadratmeterpreise fast viermal so hoch wie in Gera.

München = 19,47 €; Gera = 4,96 €

19,47 € ÷ 4,96 € = 3,9

Zu 132) A. nicht einmal halb so hoch wie in Berlin.

In Chemnitz sind die Quadratmeterpreise nicht einmal halb so hoch wie in Berlin.

Chemnitz = 5,08 €; Berlin = 10,98 €

5,08 € ÷ 10,98 € = 0,46

Zu 133) D. 1.947 €

Für eine 100-m^2-Wohnung in München entfallen durchschnittlich 1.947 € Monatsmiete.

$100\ m^2 \times 19{,}47\ €/m^2 = 1.947\ €$

Zu 134) D. 425 €

Für eine 100-m^2-Wohnung in Köln zahlt man monatlich 425 € mehr als in Rostock.

Köln: $100\ m^2 \times 11{,}51\ €/m^2 = 1.151\ €$

Rostock: $100\ m^2 \times 7{,}26\ €/m^2 = 726\ €$

1.151 € – 726 € = 425 €

Zu 135) C. 0,10 €

In Köln liegt der Quadratmeterpreis um 10 Cent höher als in Düsseldorf.

Köln = 11,51 €; Düsseldorf = 11,41 €

Differenz: 11,51 € – 11,41 € = 0,10 €

Zu 136) C. 5,31 €

In Hamburg liegt der Quadratmeterpreis 5,31 € höher als in Leipzig.

Hamburg = 12,38 €; Leipzig = 7,07 €

Differenz: 12,38 € – 7,07 € = 5,31 €

Zu 137) B. um ca. 50 % fallen.

Um das Preisniveau von Rostock zu erreichen, müsste der Quadratmeterpreis in Frankfurt um rund 50 % fallen.

Rostock = 7,26 €; Frankfurt = 14,39 €

Differenz: 14,39 € – 7,26 € = 7,13 €

$$\text{Prozentsatz} = \frac{\text{Prozentwert} \times 100}{\text{Grundwert}}$$

$$\text{Prozentsatz} = \frac{7{,}13\ € \times 100}{14{,}39\ €} = 49{,}55\ \%$$

Zu 138) D. weniger als die Hälfte der Mietpreise von Stuttgart.

In Dortmund betragen die Quadratmeterpreise weniger als die Hälfte der Mietpreise von Stuttgart.

Dortmund = 7,26 €; Stuttgart = 15,57 €

7,26 € ÷ 15,57 € = 0,47

Zu 139) C. 5,28 €

Der durchschnittliche Quadratmeterpreis liegt in den westdeutschen Städten 5,28 € höher als in den ostdeutschen Städten. Die gesuchten Durchschnittswerte ergeben sich aus der Summe der Einzelposten geteilt durch die Anzahl der Städte.

Westdeutsche Städte: (7,26 € + 11,41 € + 7,08 € + 14,39 € + 12,38 € + 11,51 € + 19,47 € + 15,57 €) ÷ 8 = 99,07 € ÷ 8 = 12,38 €

Ostdeutsche Städte: (10,98 € + 5,08 € + 8,47 € + 5,87 € + 7,14 € + 4,96 € + 7,07 € + 7,26 €) ÷ 8 = 56,83 € ÷ 8 = 7,10 €

Differenz: 12,38 € – 7,10 € = 5,28 €

Zu 140) D. um rund 22 % steigen.

Um das Preisniveau von Erfurt zu erreichen, müssten in Eisenach die Mietpreise um rund 22 % steigen.

Eisenach = 5,87 €; Erfurt = 7,14 €

Differenz: 7,14 € – 5,87 € = 1,27 €

$$\text{Prozentsatz} = \frac{\text{Prozentwert} \times 100}{\text{Grundwert}}$$

$$\text{Prozentsatz} = \frac{1{,}27\,€ \times 100}{5{,}87\,€} = 21{,}65\,\%$$

Mengenkalkulation (Aufgaben 141–145)

Zu 141) D. 7

Zur Herstellung von B_1 werden 7 Elemente E benötigt.

$2\ (E_1) + 1\ (E_2) + 4\ (E_3) = 7$

Zu 142) D. 17

Zur Herstellung von B_1 und B_2 werden 17 Elemente E benötigt.

B_1: $2\ (E_1) + 1\ (E_2) + 4\ (E_3) = 7$

B_2: $2\ (E_4) + 4\ (E_3) + 1\ (E_6) + 3\ (E_7) = 10$

$7 + 10 = 17$

Zu 143) D. 20

Zur Herstellung eines Fertigerzeugnisses F_1 werden 20 Elemente E_3 benötigt.

B_1: $4 \times 2 = 8$

B_2: $4 \times 3 = 12$

$8 + 12 = 20$

Zu 144) E. Keine Antwort ist richtig.

Zur Herstellung eines Fertigerzeugnisses F_1 wird kein Element E_5 benötigt.

Zu 145) B. 8

Zur Herstellung von 2 Fertigerzeugnissen F_1 werden 8 Elemente E_1 benötigt.

$2 \times 2 \times 2 = 8$

Diagramm-Aufgaben (Aufgaben 146–150)

Zu 146) C. 584 Mrd. kWh

Die insgesamt erzeugte Energiemenge ergibt sich aus der Addition aller Einzelposten:

234 Mrd. kWh + 90 Mrd. kWh +
55 Mrd. kWh + 110 Mrd. kWh +
69 Mrd. kWh + 26 Mrd. kWh
= 584 Mrd. kWh

Im Jahr 2021 erzeugten die verschiedenen Energieträger in Deutschland zusammen 584 Milliarden Kilowattstunden Energie.

Zu 147) B. 50,5 Mrd. kWh

Die durchschnittliche monatliche Energiemenge ergibt sich aus der

Jahresmenge, geteilt durch die Anzahl der Monate:

124 Mrd. kWh + 86 Mrd. kWh
+ 112 Mrd. kWh + 150 Mrd. kWh
+ 108 Mrd. kWh + 26 Mrd. kWh
= 606 Mrd. kWh

606 Mrd. kWh ÷ 12 = 50,5 Mrd. kWh

Durchschnittlich erzeugten die Energieträger in Deutschland 2011 pro Monat 50,5 Milliarden Kilowattstunden Energie.

Zu 148) B. 36,1 %

Die Energiemenge sank von 108 auf 69 Milliarden Kilowattstunden. In Prozent lässt sich diese Abnahme wie folgt berechnen:

$$\text{Prozentsatz} = \frac{\text{Prozentwert} \times 100}{\text{Grundwert}}$$

$$\text{Prozentsatz} = \frac{69\,\text{Mrd. kWh} \times 100}{108\,\text{Mrd. kWh}}$$

$$= 63{,}9\,\%$$

Im Jahr 2021 betrug die Erzeugungsmenge der Kernenergie ca. 63,9 % des Werts von 2011, sie ist also um rund 36,1 % gesunken.

Zu 149) A. Ca. 115 Mrd. kWh

Im Jahr 2021 stammten 234 Milliarden Kilowattstunden aus dem Bereich erneuerbare Energien. Ein 49-%-Anteil daran berechnet sich wie folgt:

$$\text{Prozentwert} = \frac{\text{Grundwert} \times \text{Prozentsatz}}{100}$$

$$\text{Prozentwert} = \frac{49 \times 234\,\text{Mrd. kWh}}{100}$$

$$= 114{,}7\,\text{Mrd. kWh}$$

Im Jahr 2021 wurden durch Windkraft rund 115 Milliarden Kilowattstunden Energie erzeugt.

Zu 150) D. Um mehr als 1 Prozentpunkt gestiegen

Die Anteile beider Jahre sind zunächst getrennt nach folgender Rechnung zu bestimmen:

$$\text{Prozentsatz} = \frac{\text{Prozentwert} \times 100}{\text{Grundwert}}$$

Der Erdgas-Anteil im Jahr 2011 betrug:

$$\text{Prozentsatz} = \frac{86\,\text{Mrd. kWh} \times 100}{606\,\text{Mrd. kWh}}$$

$$= 14{,}2\,\%$$

Der Anteil im Jahr 2021 betrug:

$$\text{Prozentsatz} = \frac{90\,\text{Mrd. kWh} \times 100}{584\,\text{Mrd. kWh}}$$

$$= 15{,}4\,\%$$

Während die absolut erzeugte Energiemenge um 22 Milliarden Kilowattstunden sank, wuchs der prozentuale Anteil von Erdgas an der Gesamtmenge leicht um 1,2 Prozentpunkte.

Geometrie (Aufgaben 151–155)

Zu 151) E. 189 cm^3

Das Volumen eines Quaders ergibt sich durch die Multiplikation seiner Länge, Breite und Höhe:

$V = l \times b \times h$

Durch Einsetzen ergibt sich:

$V = 7\ cm \times 9\ cm \times 3\ cm = 189\ cm^3$

Das Volumen des abgebildeten Quaders beträgt 189 Kubikzentimeter.

Zu 152) D. 300 cm

Der Raum ist 3 Meter hoch.

Fläche $(A) = 6 \times 7 = 42\ m^2$

$126\ m^3 \div 42\ m^2 = 3\ m = 300\ cm$

Zu 153) D. 18,60 m

Der Umfang (U) des Zimmers ergibt sich aus der doppelten Länge und doppelten Breite:

$U = 2 \times l + 2 \times b$

Durch Einsetzen erhält man:

$U = 2 \times 5{,}4\ m + 2 \times 4{,}5\ m = 10{,}8\ m + 9\ m = 19{,}8\ m$

Nun muss noch die Türbreite abgezogen werden:

$19{,}8\ m - 1{,}2\ m = 18{,}6\ m$

Herr Klein benötigt 18,60 Meter Parkettleiste.

Zu 154) E. Rund 904,32 cm^3

Die angegebene Formel bezieht sich auf den Radius (r) des Kreises. In der Aufgabenstellung wird jedoch der Durchmesser genannt, der die doppelte Länge des Radius besitzt:

$r = \frac{d}{2} = 6\,cm$

Nun lässt sich das Volumen der Kugel durch Einsetzen berechnen:

$$V = \frac{4}{3}\pi \times r^3 = \frac{4}{3}\pi \times (6\,cm)^3$$
$$\approx 4{,}19 \times 216\,cm^3 \approx 904{,}32\,cm^3$$

Das Volumen der Kugel beträgt rund 904,32 Kubikzentimeter.

Zu 155) E. 34°

Ein gleichschenkliges Dreieck hat zwei gleich lange Seiten, denen zwei gleich große Winkel – im abgebildeten Dreieck α und β – gegenüberliegen. Da die Summe aller Winkel im Dreieck 180° ergibt, lassen sich die gesuchten Winkel wie folgt berechnen:

$\alpha = \beta = (180° - 112°) \div 2 = 34°$

Die Winkel α und β betragen jeweils 34°.

Logisches Denkvermögen

Zahlenreihen

Bearbeitungszeit 10 Minuten

Jede Zahlenreihe ist sinnvoll nach einer bestimmten Bildungsregel aufgebaut. Welche Zahl setzt die Reihe logisch fort?

Hierzu ein Beispiel

Aufgabe

1)

1	**2**	**3**	**4**	**5**	**?**

A. 6
B. 7
C. 8
D. 9
E. Keine Antwort ist richtig.

Antwort

A. 6

Gesucht ist die 6: Jede Zahl ist um 1 größer als ihre Vorgängerin.

Bitte bearbeiten Sie nun die Aufgaben: Setzen Sie die Zahlenreihen sinnvoll fort, indem Sie jeweils den richtigen Lösungsbuchstaben markieren.

1)

38	**32**	**27**	**23**	**20**	**?**

A. 10
B. 14
C. 18
D. 20
E. Keine Antwort ist richtig.

2)

80	8	70	16	60	24	?

A. −12
B. 60
C. 50
D. 40
E. Keine Antwort ist richtig.

3)

226	200	246	200	266	200	?

A. 268
B. 286
C. 266
D. 256
E. Keine Antwort ist richtig.

4)

4	6	10	12	16	?

A. 10
B. 12
C. 18
D. 16
E. Keine Antwort ist richtig.

5)

4	**16**	**6**	**36**	**26**	**676**	**?**

A. 36
B. 656
C. 666
D. 686
E. Keine Antwort ist richtig.

6)

155	**185**	**155**	**215**	**155**	**?**

A. 155
B. 185
C. 245
D. 255
E. Keine Antwort ist richtig.

7)

120	**30**	**60**	**15**	**30**	**?**

A. 7,5
B. 35
C. 20
D. 50
E. Keine Antwort ist richtig.

8)

40	**45**	**41**	**45**	**42**	**45**	**?**

A. 32
B. 48
C. 43
D. 23
E. Keine Antwort ist richtig.

9)

24	**28**	**25**	**27**	**26**	**26**	**?**

A. 26
B. 25
C. 27
D. 28
E. Keine Antwort ist richtig.

10)

20	**30**	**21**	**30**	**22**	**30**	**?**

A. 32
B. 38
C. 23
D. 13
E. Keine Antwort ist richtig.

Buchstabenreihen

Bearbeitungszeit 10 Minuten

Jede Buchstabenreihe in diesem Abschnitt folgt einer bestimmten logischen Bildungsregel. Ihre Aufgabe besteht darin, die Regel herauszufinden und die Reihe korrekt fortzusetzen.

Hierzu ein Beispiel

Aufgabe

1)

A	B	C	D	E	F	?

A. G
B. H
C. I
D. J
E. K

Antwort

A. G

Es handelt sich um eine alphabetisch fortlaufende Reihe. Auf das „F" muss daher das „G" folgen – der richtige Lösungsbuchstabe lautet A.

Bitte bearbeiten Sie nun die Aufgaben: Setzen Sie die Buchstabenreihen sinnvoll fort, indem Sie jeweils den richtigen Lösungsbuchstaben markieren.

11)

Z	Y	W	V	T	?

A. S
B. X
C. R
D. Q
E. Keine Antwort ist richtig.

12)

O	P	G	H	W	X	D	?

A. E
B. Y
C. R
D. V
E. J

13)

M	Q	L	P	K	O	?

A. F
B. T
C. J
D. U
E. M

14)

D	H	G	J	I	K	?

A. L
B. I
C. J
D. D
E. M

15)

E	F	C	D	I	J	G	?

A. C
B. D
C. E
D. H
E. Keine Antwort ist richtig.

16)

F	G	O	P	I	J	O	P	L	?

A. O
B. P
C. M
D. K
E. Keine Antwort ist richtig.

17)

Q	O	M	K	I	G	E	?

A. D
B. H
C. C
D. F
E. Keine Antwort ist richtig.

18)

D	E	F	W	V	?

A. T
B. S
C. G
D. U
E. Keine Antwort ist richtig.

19)

K	H	E	K	H	E	?

A. F
B. H
C. E
D. K
E. Keine Antwort ist richtig.

20)

S	S	F	D	M	D	?

A. C
B. D
C. F
D. M
E. K

Wochentage

Bearbeitungszeit 10 Minuten

Beantworten Sie bitte die folgenden Aufgaben, indem Sie jeweils den richtigen Lösungsbuchstaben markieren.

21) Vor einer Woche war Samstag. Welcher Tag ist in 9 Tagen?

A. Samstag
B. Montag
C. Freitag
D. Dienstag
E. Keine Antwort ist richtig.

22) Morgen ist Mittwoch. Welcher Tag war vor 10 Tagen?

A. Freitag
B. Montag
C. Samstag
D. Dienstag
E. Keine Antwort ist richtig.

23) Der 4. Tag nach übermorgen ist Sonntag. Welcher Tag war gestern?

A. Dienstag
B. Samstag
C. Freitag
D. Sonntag
E. Keine Antwort ist richtig.

24) In 6 Tagen wird Dienstag 7 Tage her sein. Welcher Tag ist übermorgen?

A. Donnerstag
B. Freitag
C. Montag
D. Sonntag
E. Keine Antwort ist richtig.

25) Gestern war 2 Tage nach Dienstag. Welcher Tag ist 3 Tage nach morgen?

A. Montag
B. Mittwoch
C. Donnerstag
D. Dienstag
E. Keine Antwort ist richtig.

26) Morgen ist der 5. Tag nach Donnerstag. Welcher Tag war vorgestern?

A. Samstag
B. Sonntag
C. Montag
D. Dienstag
E. Keine Antwort ist richtig.

27) 3 Tage nach vorgestern ist Sonntag. Welcher Tag ist 1 Tag nach übermorgen?

A. Montag
B. Mittwoch
C. Dienstag
D. Freitag
E. Keine Antwort ist richtig.

28) Der Tag vor vorgestern liegt drei Tage nach Sonntag. Welcher Tag ist heute?

A. Mittwoch
B. Donnerstag
C. Freitag
D. Samstag
E. Keine Antwort ist richtig.

29) Vorgestern war 5 Tage vor Donnerstag. Welcher Tag ist 5 Tage nach übermorgen?

A. Freitag
B. Samstag
C. Sonntag
D. Montag
E. Keine Antwort ist richtig.

30) In 6 Tagen wird der letzte Samstag 9 Tage her sein. Welcher Tag war vorgestern?

A. Montag
B. Mittwoch
C. Samstag
D. Sonntag
E. Keine Antwort ist richtig.

Doppelte Wortanalogien

Bearbeitungszeit 10 Minuten

Zu jeder Aufgabe erhalten Sie zwei analog aufgebaute Wortgleichungen: Ein Begriff verhält sich zum zweiten wie der dritte zum vierten.

Welche beiden Wörter fehlen?

Hierzu ein Beispiel

Aufgabe

1) _____ verhält sich zu **Tag** wie **Dunkelheit** zu _____.

A.	Helligkeit	**1.**	Mond
B.	Dämmerung	**2.**	Kälte
C.	Sonne	**3.**	Nacht
D.	Wärme	**4.**	Abend

Antwort

(A.)	Helligkeit	**1.**	Mond
B.	Dämmerung	**2.**	Kälte
C.	Sonne	**(3.)**	Nacht
D.	Wärme	**4.**	Abend

Helligkeit verhält sich zu Tag wie Dunkelheit zu Nacht: Am Tag ist es hell, in der Nacht dunkel.

Bitte beginnen Sie nun mit den Aufgaben: Vervollständigen Sie die Wortgleichungen, indem Sie jeweils den Lösungsbuchstaben des linken Begriffs markieren und die Lösungszahl des rechten.

31) _____ verhält sich zu **Ernte** wie **Investition** zu _____.

A.	Korn	**1.**	Gewinn
B.	Arbeit	**2.**	Million
C.	Saat	**3.**	Firma
D.	Feld	**4.**	Kapital

32) ______ verhält sich zu **Haus** wie **Tor** zu ______.

A.	Zimmer	**1.**	Platz
B.	Fenster	**2.**	Straße
C.	Tür	**3.**	Hof
D.	Wohnung	**4.**	Keller

33) ______ verhält sich zu **Schule** wie **Trainer** zu ______.

A.	Eltern	**1.**	Verein
B.	Klassensprecher	**2.**	Platz
C.	Rektor	**3.**	Mannschaft
D.	Lehrer	**4.**	Training

34) ______ verhält sich zu **gehen** wie **war** zu ______.

A.	ging	**1.**	bin
B.	gegangen	**2.**	sein
C.	gehst	**3.**	wäre
D.	geht	**4.**	sei

35) ______ verhält sich zu **Wüste** wie **Insel** zu ______.

A.	Oase	**1.**	Schiff
B.	Kamel	**2.**	Wasser
C.	Karawane	**3.**	Meer
D.	Sand	**4.**	Salz

36) ______ verhält sich zu **Apfel** wie **Strauch** zu ______.

A.	Kompott	**1.**	Beere
B.	Baum	**2.**	Blatt
C.	Kern	**3.**	Dornen
D.	Stiel	**4.**	Frucht

37) _____ verhält sich zu **wissen** wie **Vermutung** zu _____.

A.	Anlass	**1.**	lernen
B.	Behauptung	**2.**	beschreiben
C.	Tatsache	**3.**	erklären
D.	Annahme	**4.**	glauben

38) _____ verhält sich zu **Wolf** wie **Schwarm** zu _____.

A.	Herde	**1.**	Löwe
B.	Gruppe	**2.**	Kuh
C.	Familie	**3.**	Wellensittich
D.	Rudel	**4.**	Kaninchen

39) _____ verhält sich zu **Tisch** wie **Fuß** zu _____.

A.	Bein	**1.**	Stuhl
B.	Wade	**2.**	Schrank
C.	Zeh	**3.**	Hocker
D.	Knie	**4.**	Kissen

40) _____ verhält sich zu **Pflaume** wie **Kern** zu _____.

A.	Dorn	**1.**	Mango
B.	Stein	**2.**	Birne
C.	Kai	**3.**	Kiwi
D.	Stiel	**4.**	Banane

Oberbegriffe

Bearbeitungszeit 7½ Minuten

Zu jeder Aufgabe erhalten Sie zwei Begriffe. Bitte ermitteln Sie den dazu passenden Oberbegriff und markieren Sie den richtigen Lösungsbuchstaben.

41) Eiche, Buche

A. Laubbäume
B. Nadelbäume
C. Zweig
D. Tannenbäume
E. Keine Antwort ist richtig.

42) Beton, Stahl

A. Baustelle
B. Reparatur
C. Lastwagen
D. Werkzeug
E. Keine Antwort ist richtig.

43) Nase, Ohr

A. Mund
B. Zunge
C. Sinnesorgan
D. Zähne
E. Keine Antwort ist richtig.

44) Zentimeter, Meter

A. Weite
B. Maßeinheiten
C. Breite
D. Fläche
E. Keine Antwort ist richtig.

45) George Washington, John Fitzgerald Kennedy

A. USA
B. Kanzler
C. Präsidenten
D. Mitarbeiter
E. Keine Antwort ist richtig.

46) Bit, Byte

A. Technik
B. Dateneinheit
C. Digital
D. Laptop
E. Keine Antwort ist richtig.

47) Schlange, Eidechse

A. Säugetier
B. Insekt
C. Reptil
D. Amphibium
E. Keine Antwort ist richtig.

48) Würfel, Quader

A. Körper
B. Kreis
C. Zylinder
D. Fläche
E. Keine Antwort ist richtig.

49) Thermometer, Barometer

A. Kompass
B. Messgerät
C. Chronograf
D. Maßband
E. Keine Antwort ist richtig.

50) Ampere, Volt

A. Widerstand
B. Elektrizität
C. Spannung
D. Leitung
E. Keine Antwort ist richtig.

Meinung oder Tatsache? *Bearbeitungszeit 5 Minuten*

Handelt es sich bei der vorgestellten Aussage um eine Meinung oder um eine Tatsache?

Hierzu ein Beispiel

Aufgabe

1) Alle Katzen sind schwarz.

☐ Meinung ☐ Tatsache

Antwort

☒ Meinung

Es handelt sich um eine subjektive Annahme, noch dazu um eine falsche: Es gibt schließlich auch Katzen mit anderen Fellfarben.

Bitte bearbeiten Sie nun die Aufgaben: Kreuzen Sie an, ob die vorgestellte Aussage eine Meinung oder eine Tatsache darstellt.

51) Viele Menschen glauben an das Horoskop.

☐ Meinung ☐ Tatsache

52) Rot ist die Farbe der Liebe.

☐ Meinung ☐ Tatsache

53) Der menschliche Körper besteht zum größten Teil aus Wasser.

☐ Meinung ☐ Tatsache

54) Menschen, die nicht lesen und schreiben können, sind dumm.

☐ Meinung ☐ Tatsache

55) Der Amazonas ist der wasserreichste Fluss der Erde.

☐ Meinung ☐ Tatsache

56) Vor Gott sind alle Menschen gleich.

☐ Meinung ☐ Tatsache

57) Muskeln wiegen mehr als Fett.

☐ Meinung ☐ Tatsache

58) Chlorophyll sorgt dafür, dass Pflanzen grün sind.

☐ Meinung ☐ Tatsache

59) Jeder ist sich selbst der Nächste.

☐ Meinung ☐ Tatsache

60) Manche Würfel haben insgesamt 21 Punkte auf ihren Seitenflächen.

☐ Meinung ☐ Tatsache

Schlussfolgerungen *Bearbeitungszeit 10 Minuten*

Jede Aufgabe konfrontiert Sie mit mehreren Aussagen. Welche Schlussfolgerung lässt sich daraus ziehen? Ob die Aussagen in einem sinnvollen Bezug zur Realität stehen, ist hierbei unerheblich.

61) Welche Schlussfolgerung ist logisch richtig, wenn die folgende Behauptung zugrunde gelegt wird? „Alle Vögel können nicht fliegen, alle Vögel haben Füße."

A. Alle Vögel, die Füße haben, können fliegen.
B. Alle Vögel, die Füße haben, können nicht fliegen.
C. Alles, was Füße besitzt, ist ein Vogel.
D. Alle Vögel, die keine Füße haben, können fliegen.
E. Keine Antwort ist richtig.

62) Welche Sportart ist am beliebtesten?

¬ Rugby ist beliebter als Tennis.
¬ Fußball wäre am beliebtesten, wenn Eishockey nicht noch beliebter wäre.

A. Eishockey
B. Fußball
C. Tennis
D. Rugby
E. Keine Antwort ist richtig.

63) Welches Hobby ist am spannendsten?

¬ Briefmarken sammeln ist spannender als Basteln.
¬ Malen ist langweiliger als Tanzen.
¬ Tanzen ist spannender als Briefmarken sammeln.

A. Malen
B. Basteln
C. Briefmarken sammeln
D. Tanzen
E. Keine Antwort ist richtig.

64) „Über Wasser schwitzen Fische, wenn es laut ist. Im Juni ist es immer laut. Also …"

A. schwitzen Fische nur im Juni.
B. schwitzen Fische immer, wenn es laut ist.
C. schwitzen Fische im Juni, wenn es laut ist, über Wasser.
D. schwitzen Fische nur über Wasser.
E. Keine Antwort ist richtig.

65) „Kühe können fliegen, weil sie Flügel haben. Vögel haben keine Flügel. Also …"

A. ist Fliegen ohne Flügel nicht möglich.
B. können alle Vögel nicht fliegen.
C. können alle Kühe auch ohne Flügel fliegen.
D. können Kühe fliegen.
E. Keine Antwort ist richtig.

66) „Hans möchte um 19:00 Uhr entweder Barbara oder Paul besuchen. Hans besucht um 19:00 Uhr Paul. Also …"

A. besucht Hans um 19:00 Uhr Barbara.
B. besucht Hans um 19:00 Uhr Barbara und Paul.
C. besucht Hans um 19:00 Uhr nicht Barbara.
D. besucht Barbara um 19:00 Uhr Paul.
E. Keine Antwort ist richtig.

67) „Wenn Rosen rot sind, dann blühen sie. Wenn Rosen blühen, ist es Herbst. Rosen sind rot. Also …"

A. ist es nicht Herbst, wenn Rosen nicht rot sind.
B. ist es nicht Herbst.
C. ist es Frühling.
D. ist es Herbst, wenn Rosen rot sind.
E. Keine Antwort ist richtig.

68) Welche Schlussfolgerung ist logisch richtig, wenn die folgende Behauptung zugrunde gelegt wird? „Peter arbeitet gerade oder liest ein Buch. Peter liest gerne Geschichtsbücher, aber heute liest er kein Buch."

A. Peter arbeitet nicht.
B. Peter arbeitet.
C. Peter liest ein Buch.
D. Peter liest ein Buch, wenn er arbeitet.
E. Keine Antwort ist richtig.

69) Welche Schlussfolgerung ist logisch richtig, wenn die folgende Behauptung zugrunde gelegt wird? „Alle Würfel sind rund. Einige Würfel sind grün. Alle grünen Würfel haben ein Loch."

A. Alle Würfel haben ein Loch.
B. Alle Würfel, die ein Loch haben, sind grün.
C. Es gibt Würfel, die rund und grün sind und ein Loch haben.
D. Es gibt Würfel, die weder rund sind noch ein Loch haben.
E. Keine Antwort ist richtig.

70) „Wenn der frühe Vogel den Wurm fängt, baut er sich ein Nest. Der frühe Vogel fängt den Wurm nicht. Also …"

A. baut sich der frühe Vogel kein Nest.
B. baut sich der frühe Vogel ein Nest.
C. baut sich der Wurm ein Nest.
D. lebt der späte Wurm länger.
E. Keine Antwort ist richtig.

Flussdiagramme

Bearbeitungszeit 5 Minuten

Flussdiagramme sind ein Mittel, um Vorgänge mit verschiedenen Verlaufsalternativen anschaulich abzubilden: So lassen sich verzweigte Abläufe planen, steuern und erklären.

Hierzu ein Beispiel

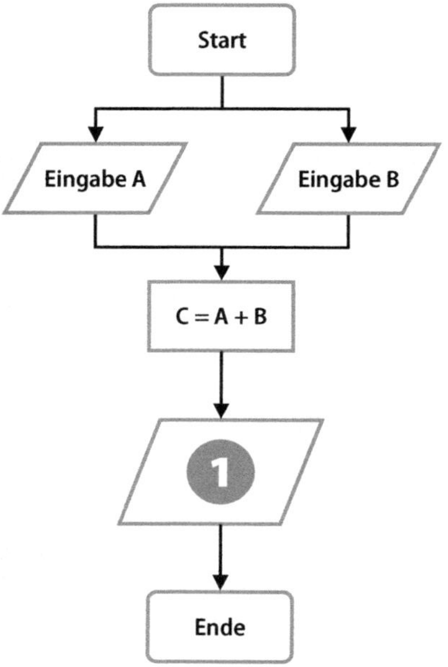

Aufgabe

1) Wofür steht die Zahl 1 im Flussdiagramm?

A. Ausgabe C
B. Ausgabe A
C. Ausgabe B
D. Eingabe A
E. Keine Antwort ist richtig.

Antwort

(A.) Ausgabe C

Im abgebildeten Prozess werden zwei Variablen A und B eingegeben und zum Ergebnis C addiert. Sinnvollerweise wird dieses Ergebnis anschließend ausgegeben, also z. B. auf einem Monitor angezeigt.

Wie funktionieren Flussdiagramme?

Ein Flussdiagramm besteht aus verschiedenen Symbolen, die beschriftet und durch waagerechte oder senkrechte Verlaufspfeile miteinander verbunden sind. Die Symbole lassen sich grob in fünf Gruppen einordnen:

- **Rechtecke mit abgerundeten Ecken** stehen für Prozessbeginn und -ende.
- **Rauten** stellen Bedingungen dar.
- **Rechtecke** symbolisieren eigene, in sich geschlossene Unterprozesse.
- **Ovale** kennzeichnen Entscheidungen oder Konsequenzen.
- **Parallelogramme** stehen für prozessinterne Ein- und Ausgaben (Inputs/Outputs).

Heizungsregelung

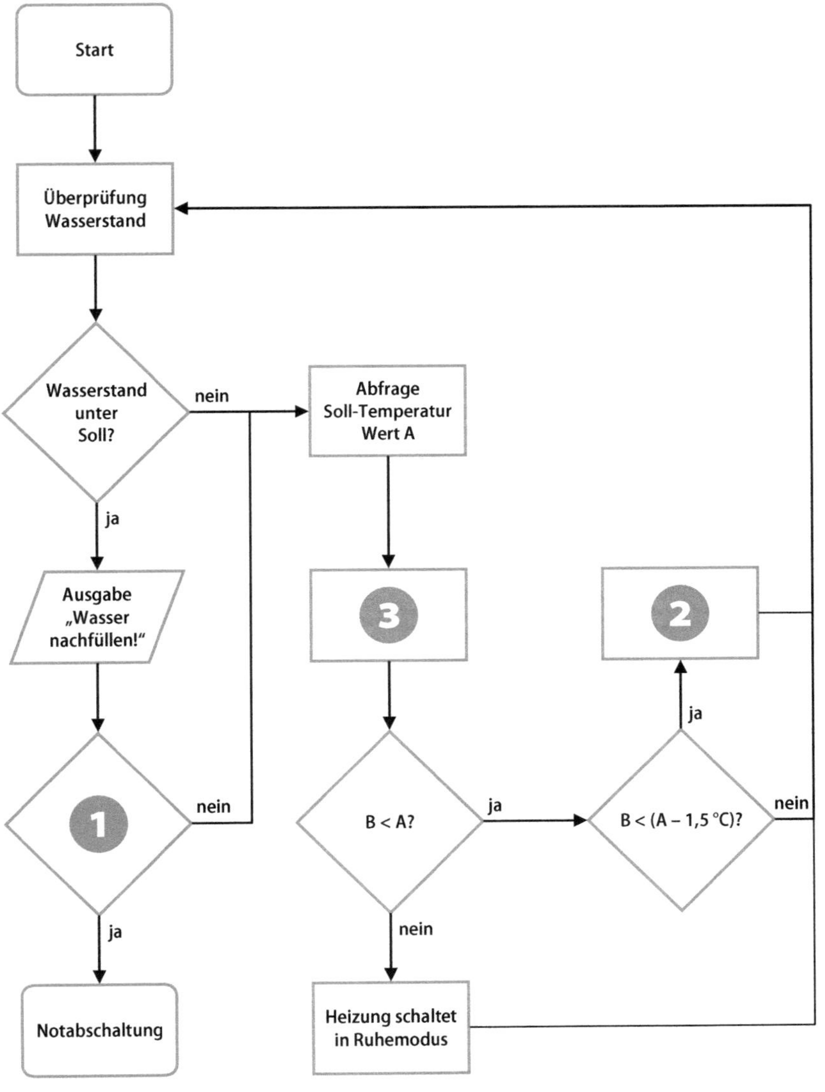

Bitte bearbeiten Sie nun die Aufgaben: Markieren Sie jeweils den Lösungsbuchstaben des richtigen Antwortvorschlags. Sie haben dafür **5 Minuten** Zeit.

71) Durch welche der Antworten wird die Zahl 1 im Flussdiagramm sinnvoll ersetzt?

A. Abfrage Ist-Temperatur / Wert B?
B. Wasser nachgefüllt?
C. B > A?
D. Wasserstand kritisch?
E. Wasserstand prüfen

72) Durch welche der Antworten wird die Zahl 2 im Flussdiagramm sinnvoll ersetzt?

A. Heizung geht an
B. B < (A – 5 °C)?
C. Ausgabe „Heizung geht an"
D. Überprüfung Wasserstand
E. Wasser nachgefüllt?

73) Durch welche der Antworten wird die Zahl 3 im Flussdiagramm sinnvoll ersetzt?

A. Ist-Temperatur abfragen?
B. Abfrage Ist-Temperatur / Wert B
C. B = A?
D. Wasser wird nachgefüllt
E. Heizung springt an

74) Was geschieht, wenn die gemessene Temperatur 1 °C unterhalb des festgelegten Soll-Werts liegt?

A. Die Heizung springt an.
B. Die Heizung schaltet in den Ruhemodus.
C. Die Heizung schaltet sich ab.
D. Ausgabe „Wasser nachfüllen!"
E. Die Heizung springt noch nicht an, das System schaltet aber auch nicht in den Ruhemodus.

75) Was geschieht bei einer Raumtemperatur von 17 °C und einer Soll-Temperatur von 19 °C, wenn der Wasserstand kritisch ist?

A. Die Heizung springt an.
B. Die Heizung schaltet in den Ruhemodus.
C. Der Benutzer wird aufgefordert, Wasser nachzufüllen.
D. Die Heizung schaltet sich sicherheitshalber selbst ab.
E. Der Benutzer wird zur Abschaltung aufgefordert.

Lösungen: Logisches Denkvermögen

1) C	26) A	51) Tatsache
2) C	27) C	52) Meinung
3) B	28) D	53) Tatsache
4) C	29) D	54) Meinung
5) C	30) D	55) Tatsache
6) C	31) C1	56) Meinung
7) A	32) C3	57) Tatsache
8) C	33) D1	58) Tatsache
9) C	34) A2	59) Meinung
10) C	35) A3	60) Tatsache
11) A	36) B1	61) B
12) A	37) C4	62) A
13) C	38) D3	63) D
14) C	39) A2	64) C
15) D	40) B2	65) D
16) C	41) A	66) C
17) C	42) A	67) D
18) D	43) C	68) B
19) D	44) B	69) C
20) D	45) C	70) E
21) B	46) B	71) D
22) C	47) C	72) A
23) D	48) A	73) B
24) B	49) B	74) E
25) D	50) B	75) D

Zahlenreihen (Aufgaben 1–10)

Zu 1) C. 18

–6 | –5 | –4 | –3 | –2

Zu 2) C. 50

x | y | x – 10 | y × 2 | x – 10 – 10 | y × 3 | x – 10 – 10 – 10

Zu 3) B. 286

x | 200 | x + 20 | 200 | x + 20 + 20 | 200 | x + 20 + 20 + 20

Zu 4) C. 18

+2 | +4 | +2 | +4 | +2

Zu 5) C. 666

x^2 | −10 | x^2 | −10 | x^2 | −10

Zu 6) C. 245

155 | y | 155 | y + 30 | 155 | y + 30 + 30

Zu 7) A. 7,5

÷4 | ×2 | ÷4 | ×2 | ÷4

Zu 8) C. 43

+5 | −4 | +4 | −3 | +3 | −2

Zu 9) C. 27

x | y | x + 1 | y − 1 | x + 1 + 1 | y − 1 − 1 | x + 1 + 1 + 1

Zu 10) C. 23

+10 | −9 | +9 | −8 | +8 | −7

Buchstabenreihen (Aufgaben 11–20)

Zu 11) A. S

Gehen Sie von Z aus im Alphabet erst einen Schritt, dann zwei Schritte rückwärts. Wiederholen Sie diese Regel.

Bewegung in alphabetischer Folge:

−1 | −2 | −1 | −2 | −1

Zu 12) A. E

Die Reihe besteht aus Paaren aufeinanderfolgender Buchstaben: OP, GH, WX, DE.

Zu 13) C. J

Hier sind zwei Buchstabenfolgen miteinander verschachtelt, die bei M bzw. Q beginnen und in Einerschritten rückwärtslaufen.

Bewegung in alphabetischer Folge:

M | Q | M − 1 | Q − 1 | M − 1 − 1 | Q − 1 − 1 | M − 1 − 1 − 1

Zu 14) C. J

Starten Sie bei D und gehen Sie alphabetisch erst vier Schritte vorwärts, dann einen zurück, dann drei Schritte vorwärts, wieder einen zurück, zwei Schritte nach vorne und nochmals einen zurück.

Bewegung in alphabetischer Folge:

+4 | −1 | +3 | −1 | +2 | −1

Zu 15) D. H

Jeder zweite Buchstabe folgt im Alphabet dem vorherigen Buchstaben.

Bewegung in alphabetischer Folge:

+1 | −3 | +1 | +5 | +1 | −3 | +1

Zu 16) C. M

Die Buchstaben O und P sind mit einer von F ausgehenden, im Alphabet vorwärtslaufenden Buchstabenreihe verschachtelt. Die sich wiederholende Grundregel lautet: Gehe einen Buchstaben im Alphabet weiter, füge O und P ein und gehe zwei Buchstaben weiter.

Bewegung in alphabetischer Folge:

+1 | O | P | +2 | +1 | O | P | +2 | +1

Zu 17) C. C

Die Reihe beginnt bei Q und läuft in Zweierschritten rückwärts.

Bewegung in alphabetischer Folge:

−2 | −2 | −2 | −2 | −2 | −2 | −2

Zu 18) D. U

Auf eine in Einerschritten vorwärtslaufende Buchstabenreihe mit drei Elementen (D, E, F) folgt eine in Einerschritten rückwärtslaufende Buchstabenreihe mit drei Elementen (W, V, U).

Bewegung in alphabetischer Folge:

D | D + 1 | D + 1 + 1 | W | W − 1 | W − 1 − 1

Zu 19) D. K

Starten Sie beim Buchstaben K, gehen Sie im Alphabet zweimal drei Buchstaben rückwärts und kehren Sie zurück zur Ausgangsposition K.

Bewegung in alphabetischer Folge:

−3 | −3 | +6 | −3 | −3 | +6

Zu 20) D. M

Es handelt sich um die Anfangsbuchstaben der Wochentage in umgekehrter Reihenfolge: **S**onntag, **S**amstag, **F**reitag, **D**onnerstag, **M**ittwoch, **D**ienstag, **M**ontag.

Wochentage (Aufgaben 21–30)

Zu 21) B. Montag

In 9 Tagen ist Montag:

vor einer Woche war Samstag = heute ist Samstag

heute ist Samstag = in 9 Tagen ist Montag

Zu 22) C. Samstag

Vor 10 Tagen war Samstag:

morgen ist Mittwoch = heute ist Dienstag

heute ist Dienstag = vor 10 Tagen war Samstag

Zu 23) D. Sonntag

Gestern war Sonntag:

der 4. Tag nach übermorgen ist Sonntag = übermorgen ist Mittwoch übermorgen ist Mittwoch = heute ist Montag

heute ist Montag = gestern war Sonntag

Zu 24) B. Freitag

Übermorgen ist Freitag:

in 6 Tagen wird Dienstag 7 Tage her sein = heute ist Dienstag 1 Tag her

heute ist Dienstag 1 Tag her = heute ist Mittwoch

heute ist Mittwoch = übermorgen ist Freitag

Zu 25) D. Dienstag

3 Tage nach morgen ist Dienstag:

gestern war 2 Tage nach Dienstag = gestern war Donnerstag

gestern war Donnerstag = heute ist Freitag

heute ist Freitag = morgen ist Samstag

morgen ist Samstag = 3 Tage nach morgen ist Dienstag

Zu 26) A. Samstag

Vorgestern war Samstag:

morgen ist der 5. Tag nach Donnerstag = morgen ist Dienstag

morgen ist Dienstag = heute ist Montag

heute ist Montag = vorgestern war Samstag

Zu 27) C. Dienstag

1 Tag nach übermorgen ist Dienstag:

3 Tage nach vorgestern ist Sonntag = vorgestern war Donnerstag

vorgestern war Donnerstag = heute ist Samstag

heute ist Samstag = übermorgen ist Montag

übermorgen ist Montag = 1 Tag nach übermorgen ist Dienstag

Zu 28) D. Samstag

Heute ist Samstag:

der Tag vor vorgestern liegt drei Tage nach Sonntag = der Tag vor vorgestern war Mittwoch

der Tag vor vorgestern war Mittwoch = vorgestern war Donnerstag

vorgestern war Donnerstag = heute ist Samstag

Zu 29) D. Montag

5 Tage nach übermorgen ist Montag:

vorgestern war 5 Tage vor Donnerstag = vorgestern war Samstag

vorgestern war Samstag = heute ist Montag

heute ist Montag = übermorgen ist Mittwoch

5 Tage nach Mittwoch = Montag

Zu 30) D. Sonntag

Vorgestern war Sonntag:

in 6 Tagen wird der letzte Samstag 9 Tage her sein = heute ist der letzte Samstag 3 Tage her

heute ist der letzte Samstag 3 Tage her = heute ist Dienstag

heute ist Dienstag = vorgestern war Sonntag

Doppelte Wortanalogien (Aufgaben 31–40)

Zu 31) C1. Saat | Gewinn

Eine Saat soll später Ernte bringen und eine Investition zu Gewinn führen.

Zu 32) C3. Tür | Hof

Durch eine Tür tritt man ins Haus, durch ein Tor auf einen Hof.

Zu 33) D1. Lehrer | Verein

Lehrer unterrichten Schüler an einer Schule, Trainer leiten Sportler in einem Verein an.

Zu 34) A2. ging | sein

„Ging" ist die Vergangenheitsform von „gehen", „war" ist die Vergangenheitsform von „sein".

Zu 35) A3. Oase | Meer

Oasen sind Vegetationsflecken in einer Wüste, oft an einer Wasserstelle; Inseln sind Landflecken in einem Gewässer.

Zu 36) B1. Baum | Beere

Äpfel wachsen an Bäumen, Beeren an Sträuchern.

Zu 37) C4. Tatsache | glauben

Wer eine Tatsache kennt, der weiß etwas. Wer eine Vermutung hat, nimmt etwas an, über das er sich nicht sicher sein kann – das heißt, er glaubt es.

Zu 38) D3. Rudel | Wellensittich

Wölfe bilden Rudel, Wellensittiche (in freier Natur) Schwärme.

Zu 39) A2. Bein | Schrank

„Beine" nennt man die Stützen eines Tisches, „Füße" die tragenden Teile eines Schranks.

Zu 40) B2. Stein | Birne

Im Inneren einer Pflaume findet sich ein Stein, Birnen enthalten Kerne.

Oberbegriffe (Aufgaben 41–50)

Zu 41) A. Laubbäume

Eichen und Buchen sind Laubbäume.

Zu 42) A. Baustelle

Beton und Stahl sind Baumaterialien, die auf der Baustelle zu finden sind.

Zu 43) C. Sinnesorgan

Die Nase und das Ohr sind Sinnesorgane – so wie die Haut, die Zunge und das Auge. Sie nehmen Informationsreize aus der Umwelt auf und wandeln sie in elektrische Signale um, die über Nervenfasern ins Gehirn geleitet werden.

Zu 44) B. Maßeinheiten

Zentimeter und Meter sind Maßeinheiten zur Bestimmung von Längen.

Zu 45) C. Präsidenten

George Washington und John Fitzgerald Kennedy waren zwei bedeutende amerikanische Präsidenten.

Zu 46) B. Dateneinheit

Ein Bit ist die kleinste Dateneinheit, deren Information entweder eine 0 oder eine 1 ist. Ein Byte besteht aus acht Bit.

Zu 47) C. Reptil

Schlange und Eidechse gehören zur Gruppe der Reptilien.

Zu 48) A. Körper

Würfel und Quader sind Körper, das heißt dreidimensionale geometrische Gebilde.

Zu 49) B. Messgerät

Thermometer und Barometer sind Messgeräte zur Bestimmung der Temperatur und des Luftdrucks.

Zu 50) B. Elektrizität

Ampere und Volt sind Maßeinheiten aus dem Bereich der Elektrizität: In Ampere werden Stromstärken angegeben, in Volt Spannungen.

Meinung oder Tatsache? (Aufgaben 51–60)

Zu 51) Tatsache

Viele Menschen glauben an horoskopische Vorhersagen – diese Tatsache wird durch zahlreiche Umfragen bestätigt.

Zu 52) Meinung

Ob und wie man Emotionen durch Farben ausdrücken kann, ist nirgends verbindlich geregelt und hängt naturgemäß von persönlichen Empfindungen ab. Zwar mag die Farbe Rot weithin als Symbol der Liebe gelten.

Doch das macht die Behauptung nicht zu einer allgemeingültigen Tatsache.

Zu 53) Tatsache

Diese Aussage ist korrekt, es handelt sich um eine Tatsache.

Zu 54) Meinung

Wenn jemand weder lesen noch schreiben kann, muss das nicht zwangsläufig an mangelnder Intelligenz liegen: Viele Menschen haben zum Beispiel gar nicht die Möglichkeit, es zu lernen. Hier handelt es sich also offensichtlich um eine ziemlich abwegige Meinung.

Zu 55) Tatsache

Der Wasserreichtum des Amazonas wurde vielfach erforscht und belegt.

Zu 56) Meinung

Die Existenz Gottes ist eine Glaubensfrage; über seine Ansichten kann man bestenfalls spekulieren. Hier handelt es sich um eine Meinung.

Zu 57) Tatsache

Ein Kilogramm Muskeln hat weniger Volumen als ein Kilogramm Körperfett. Das bedeutet, dass bei gleichem Volumen das Muskelgewebe schwerer ist. Also handelt es sich um eine Tatsache.

Zu 58) Tatsache

Als Chlorophyll oder Blattgrün bezeichnet man eine Klasse natürlicher Farbstoffe, die bei der Photosynthese eine wichtige Rolle spielen. Sie sind verantwortlich für die Grünfärbung der Pflanzen. Die Aussage trifft also zu.

Zu 59) Meinung

Dieses Pauschalurteil unterstellt, dass alle Menschen Egoisten sind. Doch zum einen ist es Auslegungssache, ob man ein Verhalten als egoistisch bewertet oder nicht. Zum anderen gibt es keine einschlägige Studie, die jemals das Verhalten aller Menschen untersucht hätte. Hier handelt es sich also um eine Meinung.

Zu 60) Tatsache

Auf den Seiten eines handelsüblichen Spielwürfels finden sich die Zahlen von 1 bis 6, dargestellt durch punktförmige Markierungen, die sogenannten Augen. Und die Summe dieser Augen ergibt 21. Natürlich gibt es auch Würfel mit anders gefüllten Seitenflächen, doch das wird im vorgestellten Satz auch nicht bestritten.

Schlussfolgerungen (Aufgaben 61–70)

Zu 61) B. Alle Vögel, die Füße haben, können nicht fliegen.

Beide vorgestellten Aussagen – „Alle Vögel können nicht fliegen" und „Alle Vögel haben Füße" – beziehen sich auf die gleiche Gruppe, nämlich die Gesamtheit der Vögel. Also lässt sich ableiten: Alle Vögel, die Füße haben – d. h. sämtliche Vögel –, können nicht fliegen.

Zu 62) A. Eishockey

Entscheidend ist der zweite Satz: Fußball wäre am beliebtesten, wenn Eishockey nicht noch beliebter wäre – also ist Eishockey am beliebtesten. Die erste Aussage liefert keine weiteren brauchbaren Informationen.

Zu 63) D. Tanzen

Tanzen ist am spannendsten: Es ist spannender als Malen und Briefmarken sammeln, was wiederum spannender ist als Basteln.

Zu 64) C. schwitzen Fische im Juni, wenn es laut ist, über Wasser.

Antwort A ignoriert zum einen, dass es auch in anderen Monaten laut sein könnte. Zum anderen gibt die Aufgabenstellung keinen Hinweis dazu, wie sich Fische verhalten, wenn sie nicht über Wasser sind: Unter Wasser gelten womöglich ganz andere Bedingungen – vielleicht schwitzen die Fische hier ununterbrochen oder überhaupt nicht. Diesen Zusammenhang vernachlässigen auch die Vorschläge B und D. Richtig kann nur Lösung C sein.

Zu 65) D. können Kühe fliegen.

Die Vorschläge A, B und C sind falsch: Es wird nicht festgestellt, dass Fliegen nur mit Flügeln möglich ist – vielleicht gibt es dafür noch andere Hilfsmittel und Techniken. Somit bleibt nur Antwort D übrig, die den Inhalt der ersten Aussage wiedergibt.

Zu 66) C. besucht Hans um 19:00 Uhr nicht Barbara.

Antwort C ist korrekt, da Hans, wenn er Paul besucht, nicht Barbara besuchen kann. Antwort A scheidet aus, da er Barbara nicht besucht. Ebenso fällt Antwort B weg, da er nur den einen oder anderen besuchen kann, nicht aber beide („entweder … oder"). Antwort D ist nicht korrekt, da über Barbaras Verhalten nichts in den Prämissen steht.

Zu 67) D. ist es Herbst, wenn Rosen rot sind.

Wenn X gilt („Rosen sind rot"), dann gilt auch Y („Rosen blühen"). Wenn Y gilt („Rosen blühen"), dann gilt auch

Z („es ist Herbst"). Man kann also auch direkt von X auf Z schließen – das heißt: Wenn Rosen rot sind, dann ist Herbst. Demnach stimmt Antwort D, und Vorschlag B, der das Gegenteil behauptet, geht fehl. Antwort A liegt ebenfalls falsch: Vorausgesetzt wird nämlich kein ausschließlicher Zusammenhang. Es könnte auch Herbst sein, wenn keine Rosen blühen, und Rosen könnten auch dann blühen, wenn sie nicht rot sind. Vom Frühling (Antwort C) ist in den Prämissen überhaupt keine Rede.

Zu 68) B. Peter arbeitet.

Antwort B ist korrekt. Die Oder-Verknüpfung („Peter arbeitet gerade oder liest ein Buch") erfordert, dass wenigstens einer der beiden Sachverhalte zutrifft. Da er kein Buch liest, muss er also arbeiten.

Zu 69) C. Es gibt Würfel, die rund und grün sind und ein Loch haben.

Antwort A ist falsch. Laut den Prämissen gilt nur, dass alle grünen Würfel ein Loch haben – was mit den anderen Würfeln ist, weiß man nicht. Vorschlag B entfällt, da sich aus der Aussage „Alle grünen Würfel haben ein Loch" nicht umgekehrt schließen lässt, dass alle Würfel, die ein Loch haben, grün sind. Antwort D stimmt nicht: Wenn alle Würfel rund sind, kann es keinen unrunden Würfel geben. Antwort C ist korrekt: Es gibt Würfel, die rund und grün sind und ein Loch haben.

Zu 70) E. Keine Antwort ist richtig.

Was der frühe Vogel ohne seine Beute macht, kann man nicht wissen. „Wenn der frühe Vogel den Wurm fängt, baut er sich ein Nest" bedeutet nicht, dass er andernfalls kein Nest baut – dafür müsste es „Nur wenn der frühe Vogel den Wurm fängt ..." heißen. Über das weitere Schicksal des Wurms sagt die Aufgabenstellung überhaupt nichts aus.

Flussdiagramme (Aufgaben 71–75)

Zu 71) D. Wasserstand kritisch?

Da eine Raute Bedingungen symbolisiert, scheidet E von vornherein aus. Die einzig logische Bedingung ist D: Es wird geprüft, ob der Wasserstand so niedrig ist, dass die Heizung sicherheitshalber abgeschaltet werden muss.

Zu 72) A. Heizung geht an

Nur A und D sind möglich, da alle übrigen Vorschläge keine Prozesse (durch Rechteck symbolisiert) darstellen. Der Wasserstand wurde jedoch bereits zu Beginn überprüft; die Lösung ist A: Liegt die gemessene Temperatur B unter dem Schwellenwert (hier: 1,5 °C unter dem eingestellten Soll-Wert A), springt die Heizung an.

Zu 73) **B.** Abfrage Ist-Temperatur / Wert B

Rechtecke stehen für Prozesse, somit kommt nur B, D oder E infrage. Die Heizung springt jedoch erst dann an, wenn die gemessene Ist-Temperatur einen Schwellenwert unterschreitet. Dazu muss die Ist-Temperatur erst einmal gemessen werden. Die Ermittlung des Wasserstands und ggf. das Nachfüllen von Wasser spielen in diesem Prozessschritt keine Rolle.

Zu 74) **E.** Die Heizung springt noch nicht an, das System schaltet aber auch nicht in den Ruhemodus.

Liegt die gemessene Temperatur unter dem Schwellenwert, springt die Heizung an. Im angegebenen Beispiel liegt dieser Schwellenwert jedoch bei 1,5 °C unterhalb des abgefragten Soll-Werts. Die Heizung springt daher im vorliegenden Fall noch nicht an. Da die Ist-Temperatur aber unter der Soll-Temperatur liegt, schaltet die Heizung auch nicht in den Ruhemodus, d. h. sie misst beständig weiter.

Zu 75) **D.** Die Heizung schaltet sich sicherheitshalber selbst ab.

Folgt man dem Diagramm, steht die Wasserstandsabfrage an erster Stelle. Erst wenn sichergestellt ist, dass der Wasserstand eine kritische Marke nicht unterschreitet, wird überhaupt die Temperatur gemessen und die Heizung springt ggf. an.

Lösungshinweis (Aufgaben 71–75)

Das Schema zeigt die Schaltung einer Heizungsregelung. Zu Beginn wird der Wasserstand überprüft; unterschreitet er eine kritische Marke, wird das System sofort abgeschaltet. Ist genug Wasser im Kreislauf, wird die Soll-Temperatur A abgefragt und mit der Ist-Temperatur B verglichen. Liegt die Ist-Temperatur unterhalb eines Schwellenwerts von 1,5 °C unter dem Soll, springt die Heizung an. Liegt sie 0–1,5 °C unter dem Soll, bleibt sie inaktiv, misst aber weiter. Liegt sie über dem Sollwert, schaltet sie in den Ruhemodus und überprüft alle Werte erst nach einer gewissen Zeit wieder.

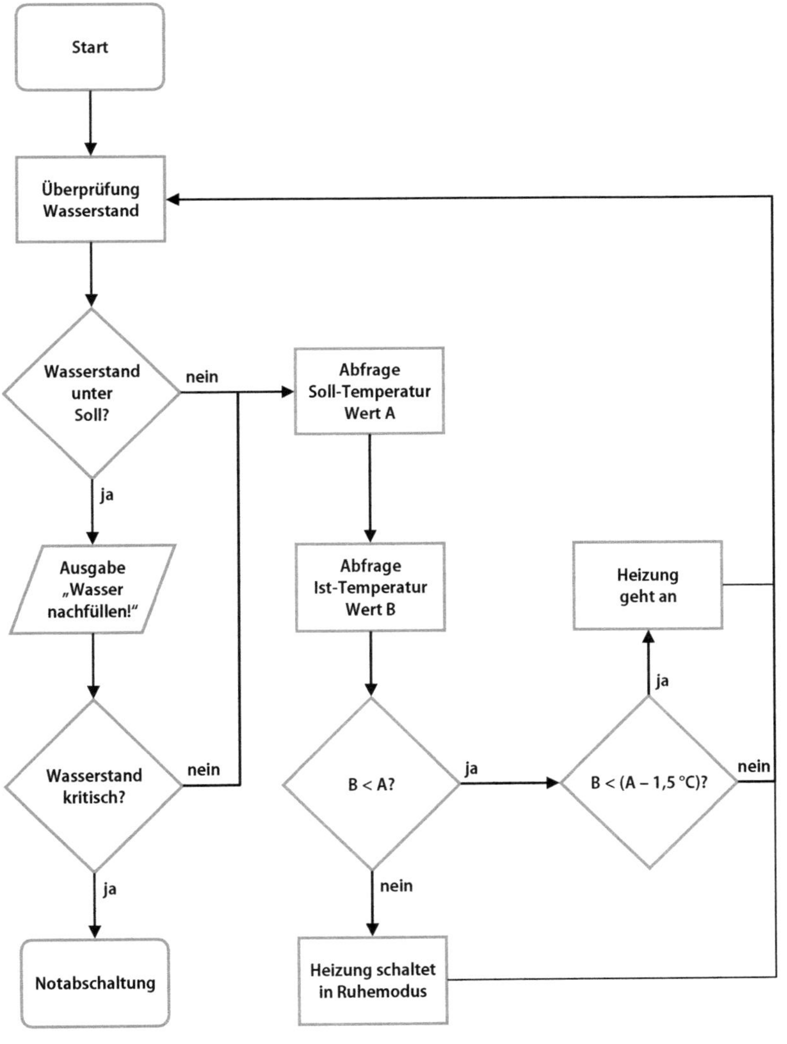

Visuelles Denkvermögen

Figurenanalogien

Bearbeitungszeit 10 Minuten

Jede folgende Aufgabe konfrontiert Sie mit zwei Figuren, die in einer bestimmten Beziehung zueinander stehen. Durch eine ähnliche Beziehung ist auch eine dritte mit einer vierten Figur verknüpft – diese müssen Sie jedoch aus einer Menge mehrerer Antwortmöglichkeiten selbst ermitteln.

Hierzu ein Beispiel

Aufgabe

1)

Welche Figur ersetzt das Fragezeichen logisch?

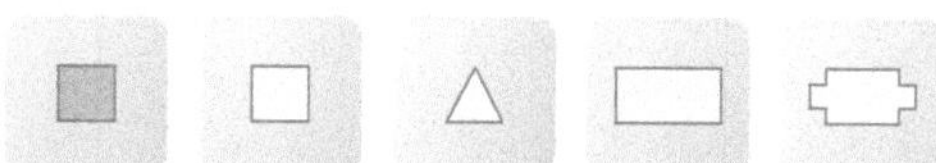

A B C D E

Antwort

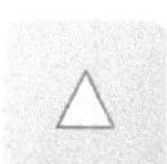

(C)

Das Objekt wird in verkleinerter Form wiederholt.

Bitte bearbeiten Sie nun die Aufgaben: Markieren Sie den Lösungsbuchstaben der gesuchten Figur. Sie haben dafür **10 Minuten** Zeit.

1)

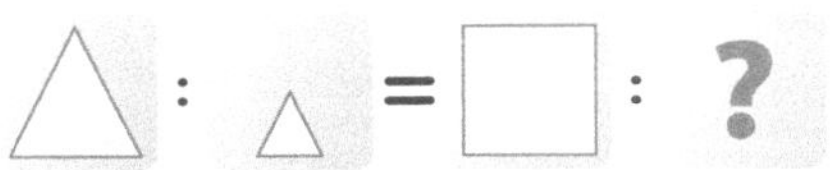

Welche Figur ersetzt das Fragezeichen logisch?

A B C D E

2)

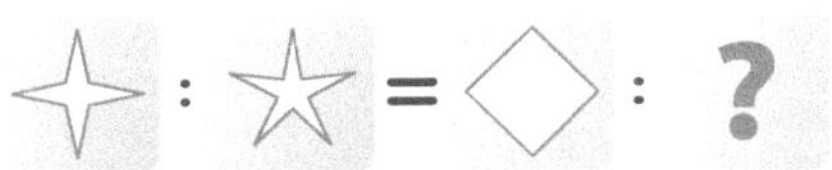

Welche Figur ersetzt das Fragezeichen logisch?

A B C D E

3)

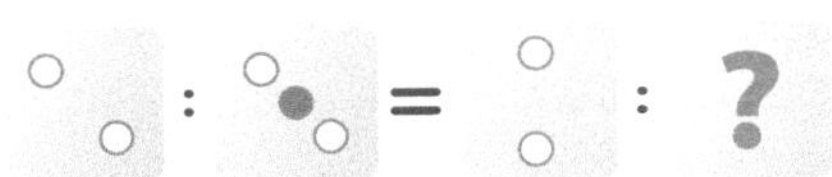

Welche Figur ersetzt das Fragezeichen logisch?

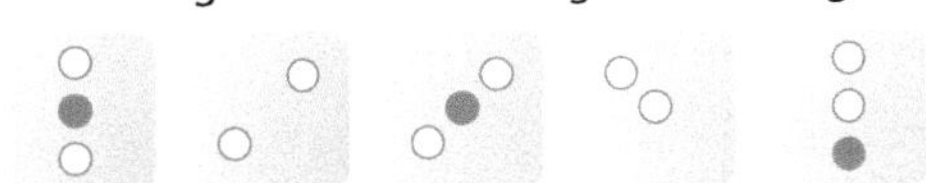

A B C D E

4)

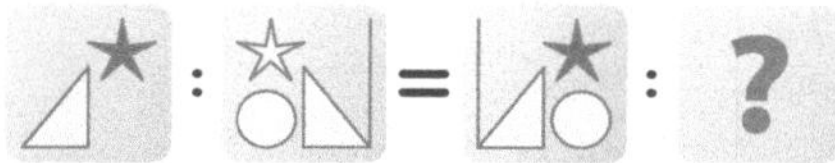

Welche Figur ersetzt das Fragezeichen logisch?

A B C D E

5)

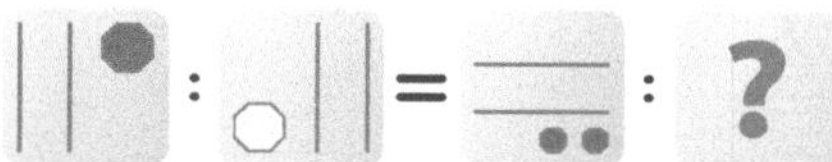

Welche Figur ersetzt das Fragezeichen logisch?

A B C D E

6)

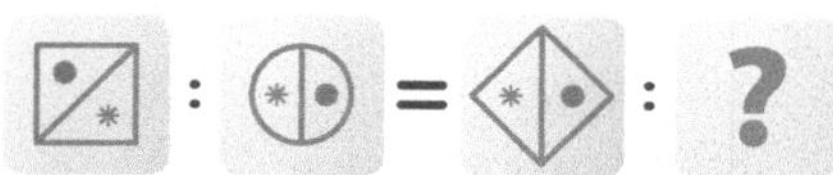

Welche Figur ersetzt das Fragezeichen logisch?

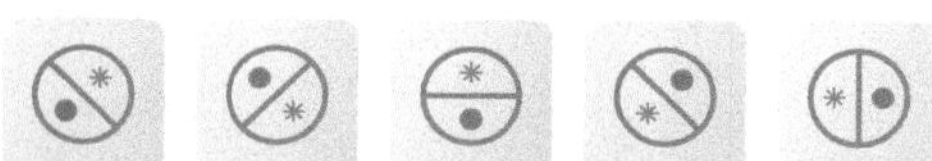

A B C D E

7)

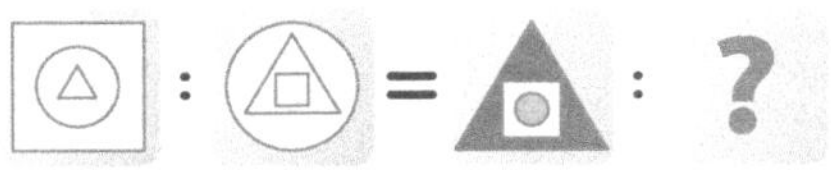

Welche Figur ersetzt das Fragezeichen logisch?

A B C D E

8)

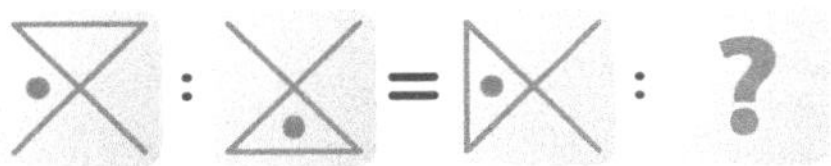

Welche Figur ersetzt das Fragezeichen logisch?

A B C D E

9)

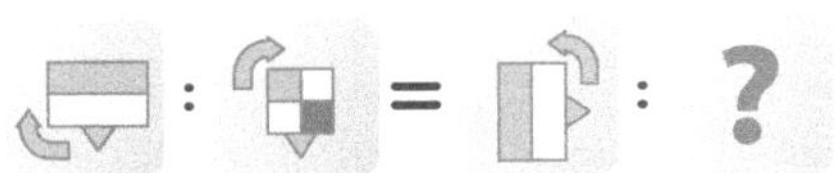

Welche Figur ersetzt das Fragezeichen logisch?

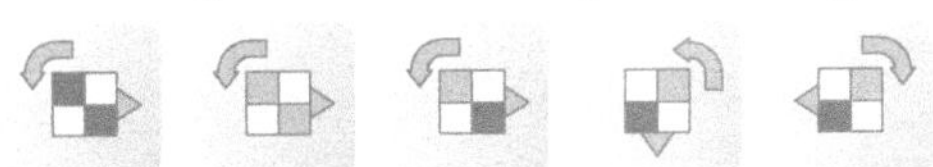

A B C D E

10)

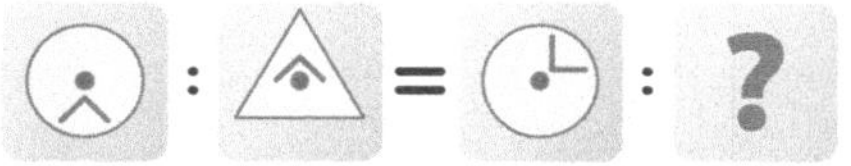

Welche Figur ersetzt das Fragezeichen logisch?

A B C D E

Eine Figur fällt aus der Reihe *Bearbeitungszeit 10 Minuten*

Jeder Figurenreihe liegt eine logische Bildungsregel zugrunde. Eine Figur weicht jedoch davon ab und passt nicht in die Reihe – Ihr Auftrag lautet, diese zu erkennen.

Hierzu ein Beispiel

Aufgabe

1) Welche Figur gehört nicht in die Reihe?

A B C D E

Antwort

(E)

Die Reihe besteht aus einer steigenden Anzahl senkrechter Striche; nur Objekt E fällt aus der Reihe.

Bitte bearbeiten Sie nun die Aufgaben: Markieren Sie den Lösungsbuchstaben derjenigen Figur, die nicht in die Reihe passt. Sie haben dafür **10 Minuten** Zeit.

11) Welche Figur gehört nicht in die Reihe?

A B C D E

12) Welche Figur gehört nicht in die Reihe?

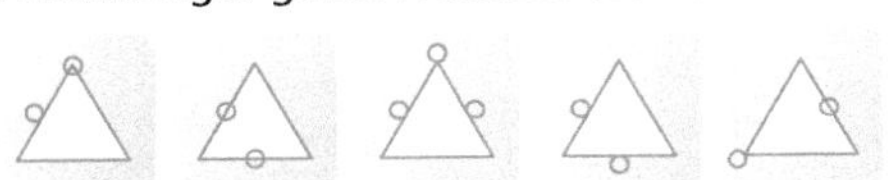

A B C D E

13) Welche Figur gehört nicht in die Reihe?

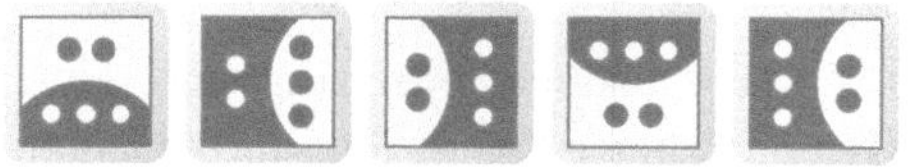

A B C D E

14) Welche Figur gehört nicht in die Reihe?

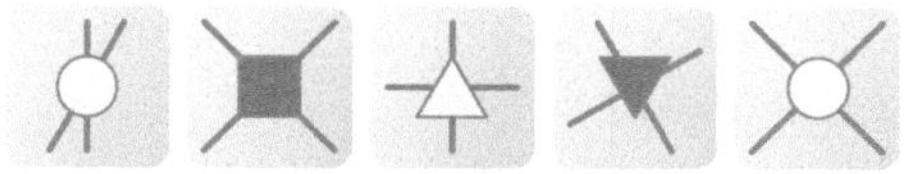

A B C D E

15) Welche Figur gehört nicht in die Reihe?

A B C D E

16) Welche Figur gehört nicht in die Reihe?

A B C D E

17) Welche Figur gehört nicht in die Reihe?

A B C D E

18) Welche Figur gehört nicht in die Reihe?

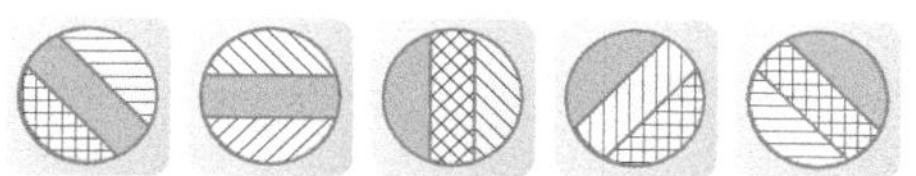

A B C D E

19) Welche Figur gehört nicht in die Reihe?

A B C D E

20) Welche Figur gehört nicht in die Reihe?

A B C D E

Würfelaufgaben

Bearbeitungszeit 10 Minuten

Zu jeder Aufgabe erhalten Sie einen Würfel, dessen Seiten unterschiedlich gemustert sind.

Entscheiden Sie, welcher der abgebildeten Musterwürfel dem Aufgabenwürfel entspricht – dieser kann beliebig nach links oder rechts, nach vorne oder hinten, im oder gegen den Uhrzeigersinn gedreht bzw. gekippt werden.

Hierzu ein Beispiel

Aufgabe

1) Ihnen wird ein Aufgabenwürfel vorgegeben.

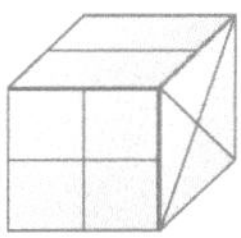

Welcher der Musterwürfel A bis E ist identisch mit dem Aufgabenwürfel?

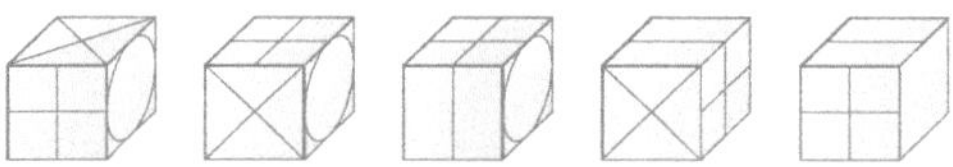

A B C D E

Antwort

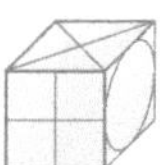

(A)

Kippen Sie den Aufgabenwürfel nach links.

Bitte bearbeiten Sie nun die Aufgaben: Markieren Sie jeweils den Lösungsbuchstaben des richtigen Antwortvorschlags. Sie haben dafür **10 Minuten** Zeit.

21) Ihnen wird ein Aufgabenwürfel vorgegeben.

Welcher der Musterwürfel A bis E ist identisch mit dem Aufgabenwürfel?

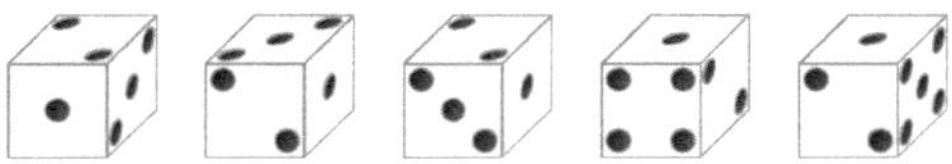

A B C D E

22) Ihnen wird ein Aufgabenwürfel vorgegeben.

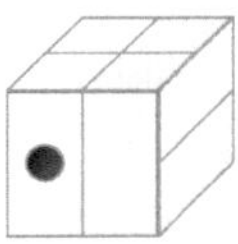

Welcher der Musterwürfel A bis E ist identisch mit dem Aufgabenwürfel?

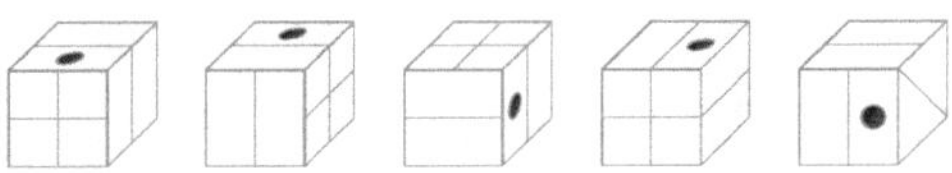

A B C D E

23) Ihnen wird ein Aufgabenwürfel vorgegeben.

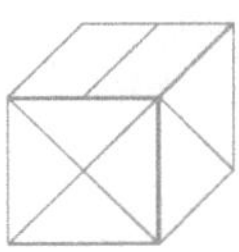

Welcher der Musterwürfel A bis E ist identisch mit dem Aufgabenwürfel?

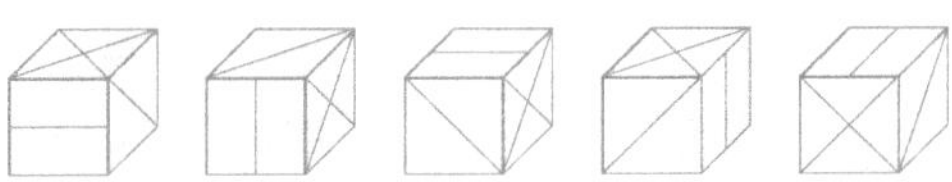

A B C D E

24) Ihnen wird ein Aufgabenwürfel vorgegeben.

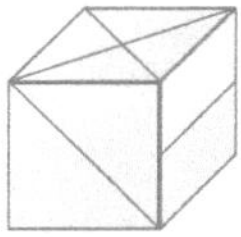

Welcher der Musterwürfel A bis E ist identisch mit dem Aufgabenwürfel?

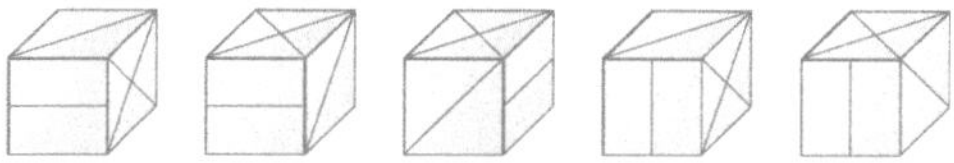

A **B** **C** **D** **E**

25) Ihnen wird ein Aufgabenwürfel vorgegeben.

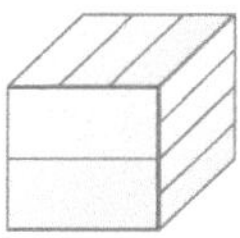

Welcher der Musterwürfel A bis E ist identisch mit dem Aufgabenwürfel?

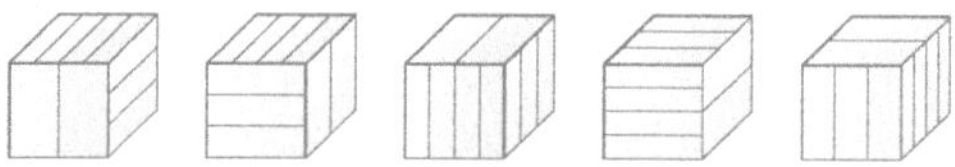

A **B** **C** **D** **E**

26) Ihnen wird ein Aufgabenwürfel vorgegeben.

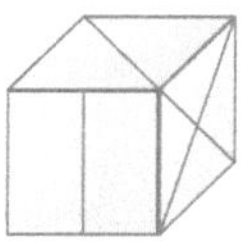

Welcher der Musterwürfel A bis E ist identisch mit dem Aufgabenwürfel?

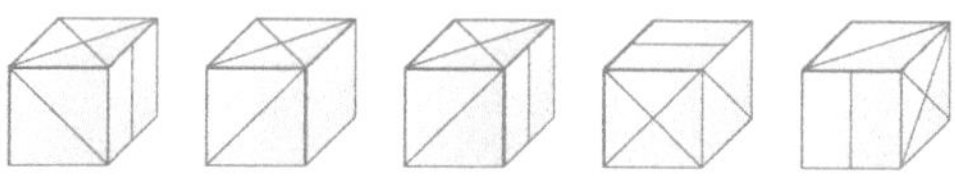

A **B** **C** **D** **E**

27) Ihnen wird ein Aufgabenwürfel vorgegeben.

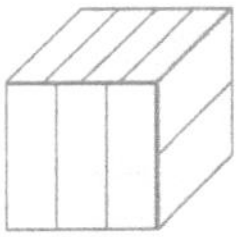

Welcher der Musterwürfel A bis E ist identisch mit dem Aufgabenwürfel?

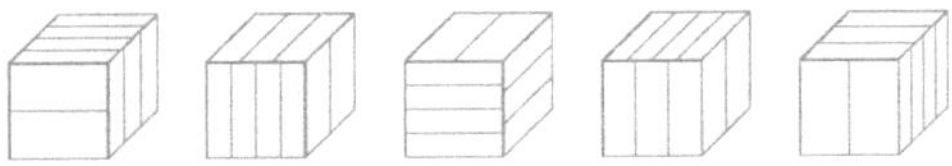

A **B** **C** **D** **E**

28) Ihnen wird ein Aufgabenwürfel vorgegeben.

Welcher der Musterwürfel A bis E ist identisch mit dem Aufgabenwürfel?

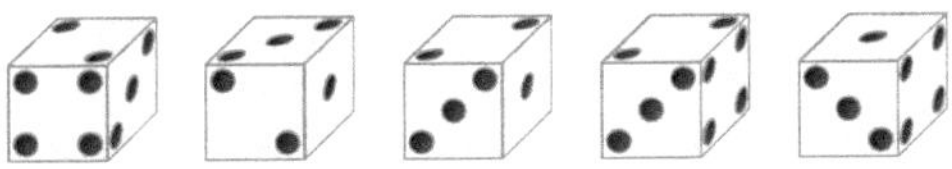

A **B** **C** **D** **E**

29) Ihnen wird ein Aufgabenwürfel vorgegeben.

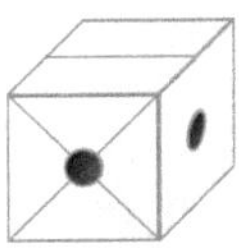

Welcher der Musterwürfel A bis E ist identisch mit dem Aufgabenwürfel?

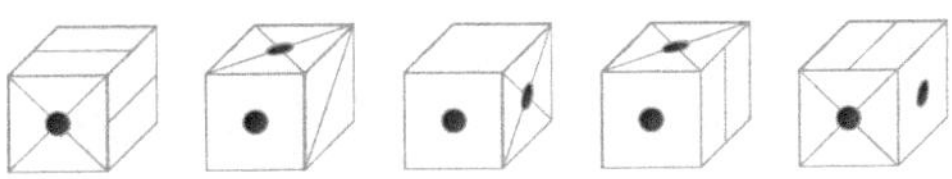

A **B** **C** **D** **E**

30) Ihnen wird ein Aufgabenwürfel vorgegeben.

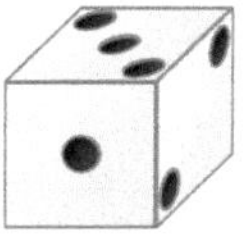

Welcher der Musterwürfel A bis E ist identisch mit dem Aufgabenwürfel?

A B C D E

Faltvorlagen

Bearbeitungszeit 10 Minuten

Sie sehen jeweils eine Faltvorlage. Finden Sie heraus, welcher der fünf Körper A bis E daraus hergestellt werden kann.

Hierzu ein Beispiel

Aufgabe

1) Diese Faltvorlage ist die Außenseite eines Körpers.

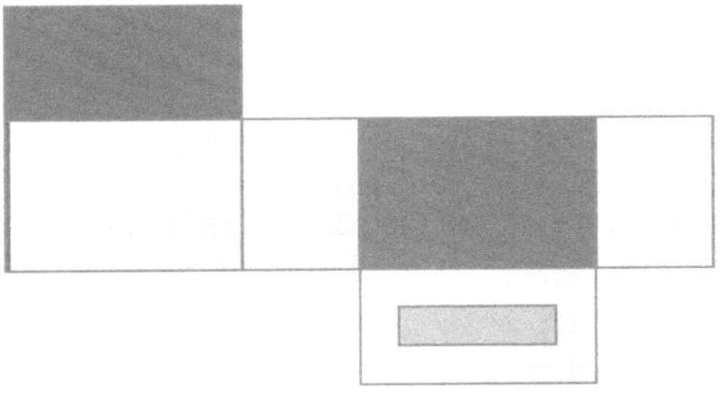

Welcher der Körper A bis E kann aus der Faltvorlage gebildet werden?

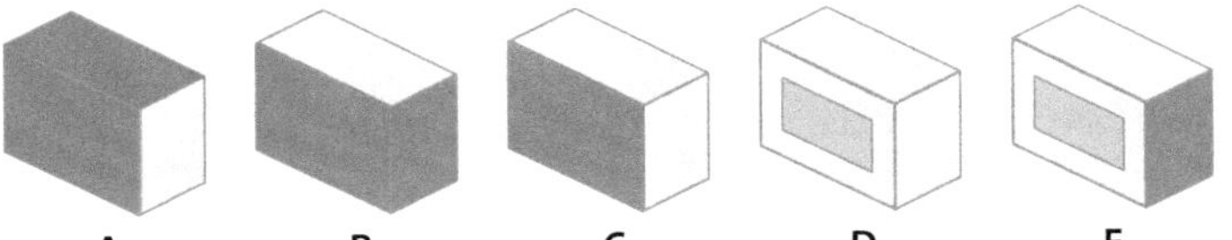

A B C D E

Antwort

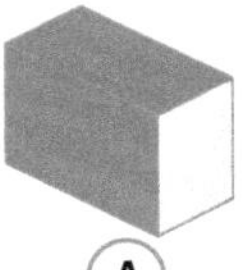

(A)

Schwarze Seitenfläche im Fokus behalten, Quader zusammenfalten und 45 Grad im Uhrzeigersinn drehen.

Bitte bearbeiten Sie nun die Aufgaben: Markieren Sie jeweils den Lösungsbuchstaben des richtigen Antwortvorschlags. Sie haben dafür **10 Minuten** Zeit.

31) Diese Faltvorlage ist die Außenseite eines Körpers.

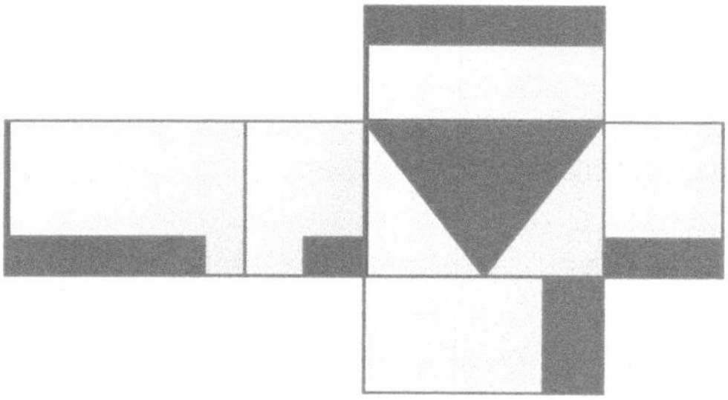

Welcher der Körper A bis E kann aus der Faltvorlage gebildet werden?

A B C D E

32) Diese Faltvorlage ist die Außenseite eines Körpers.

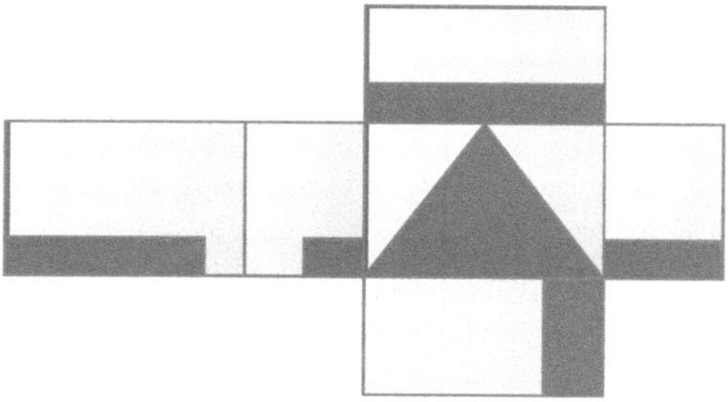

Welcher der Körper A bis E kann aus der Faltvorlage gebildet werden?

A B C D E

33) Diese Faltvorlage ist die Außenseite eines Körpers.

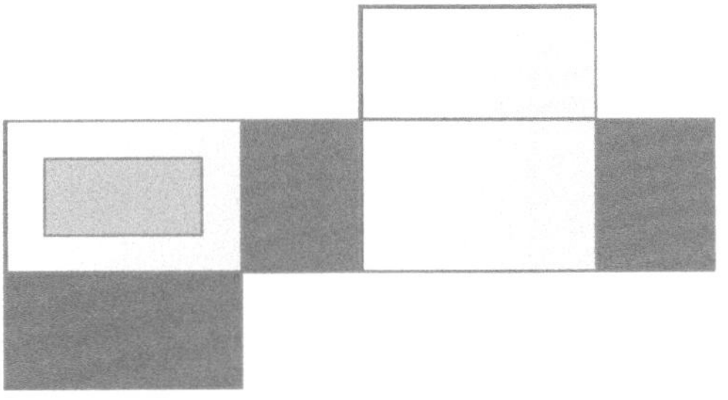

Welcher der Körper A bis E kann aus der Faltvorlage gebildet werden?

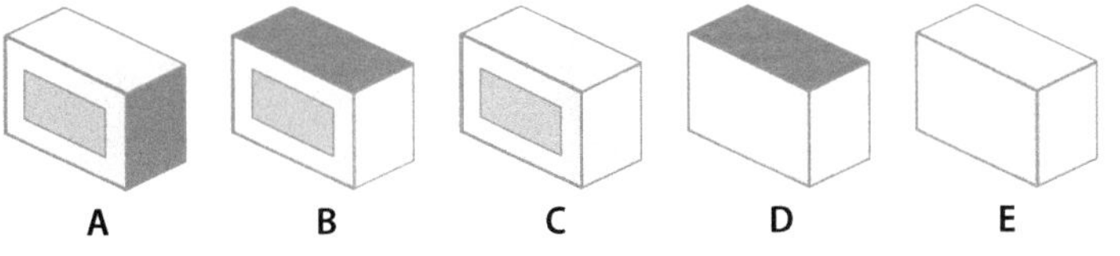

34) Diese Faltvorlage ist die Außenseite eines Körpers.

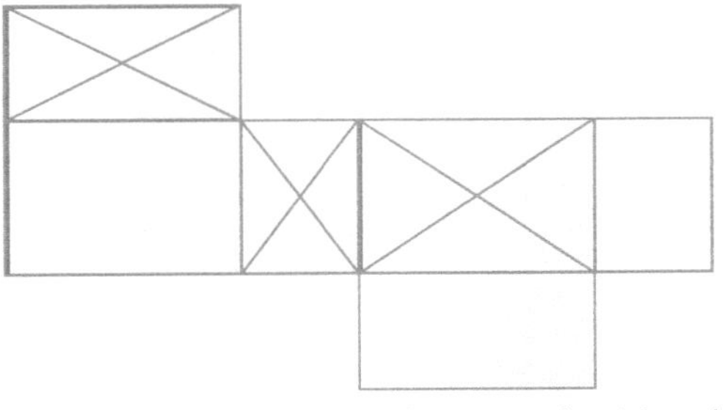

Welcher der Körper A bis E kann aus der Faltvorlage gebildet werden?

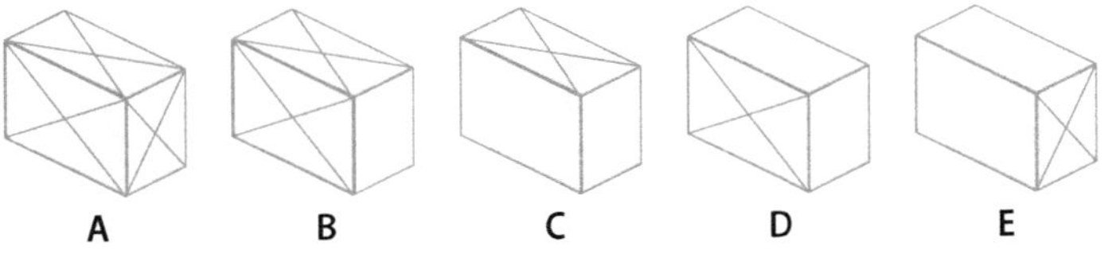

35) Diese Faltvorlage ist die Außenseite eines Körpers.

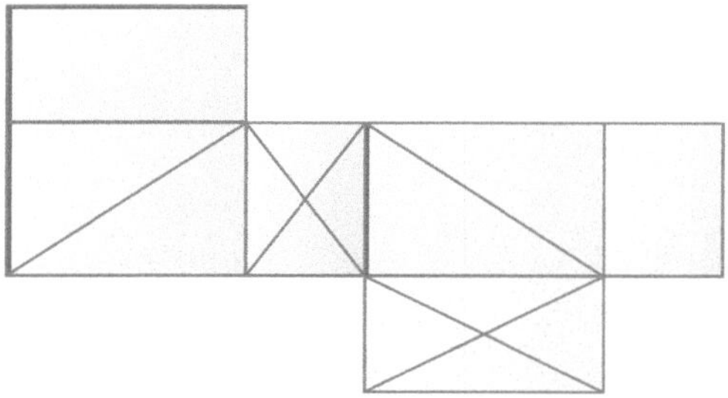

Welcher der Körper A bis E kann aus der Faltvorlage gebildet werden?

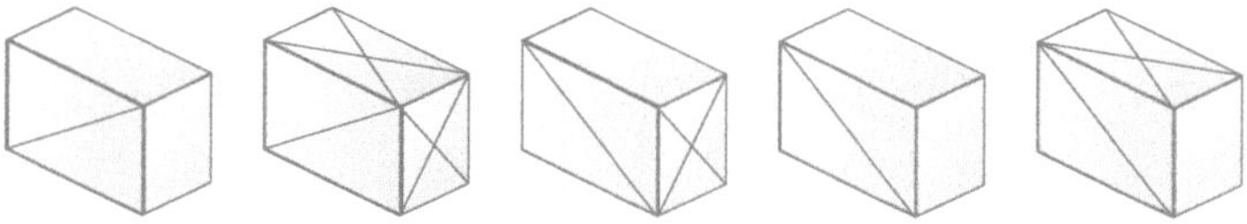

A B C D E

36) Diese Faltvorlage ist die Außenseite eines Körpers.

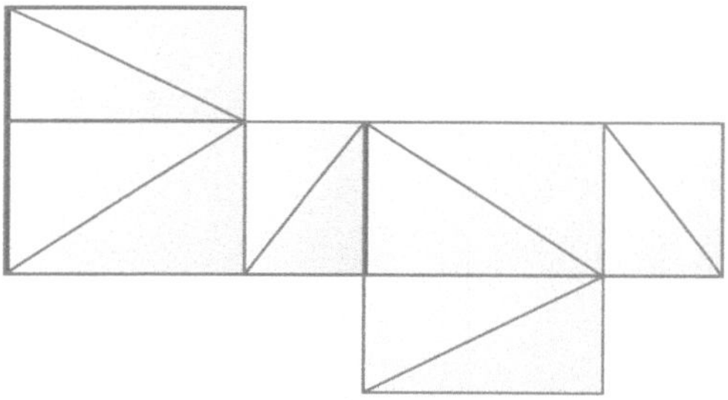

Welcher der Körper A bis E kann aus der Faltvorlage gebildet werden?

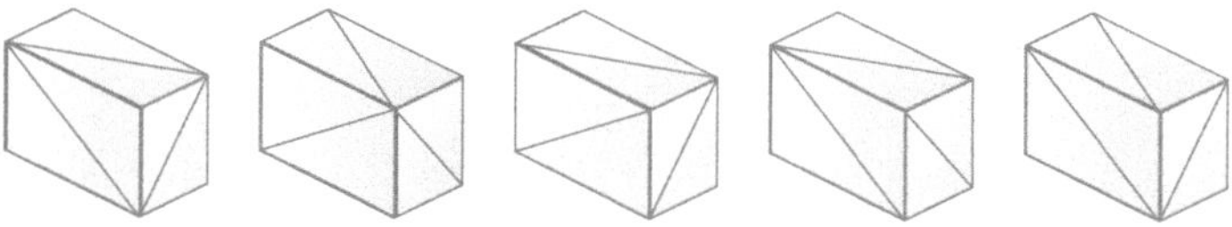

A B C D E

37) Diese Faltvorlage ist die Außenseite eines Körpers.

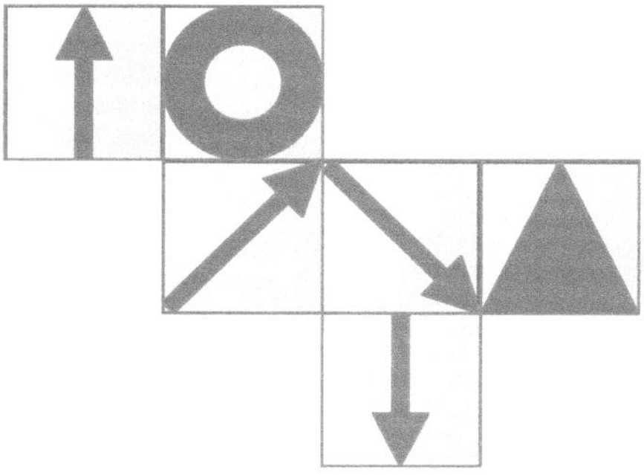

Welcher der Körper A bis E kann aus der Faltvorlage gebildet werden?

A B C D E

38) Diese Faltvorlage ist die Außenseite eines Körpers.

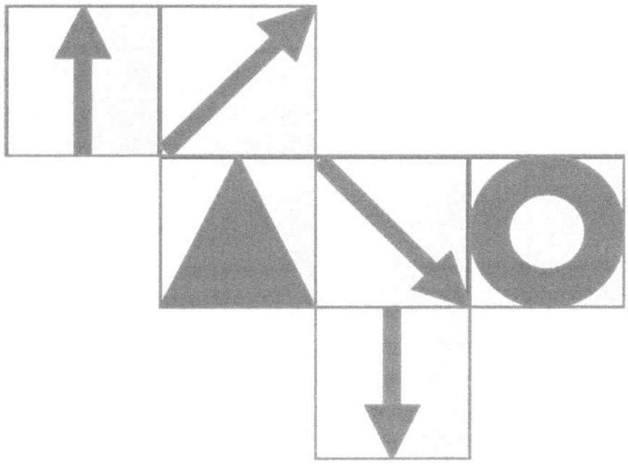

Welcher der Körper A bis E kann aus der Faltvorlage gebildet werden?

A B C D E

39) Diese Faltvorlage ist die Außenseite eines Körpers.

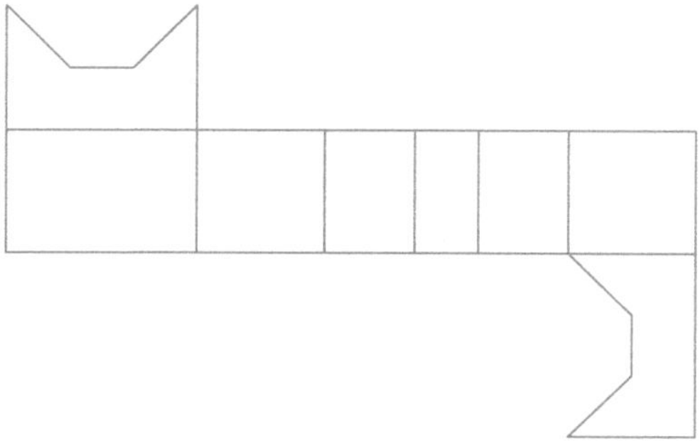

Welcher der Körper A bis E kann aus der Faltvorlage gebildet werden?

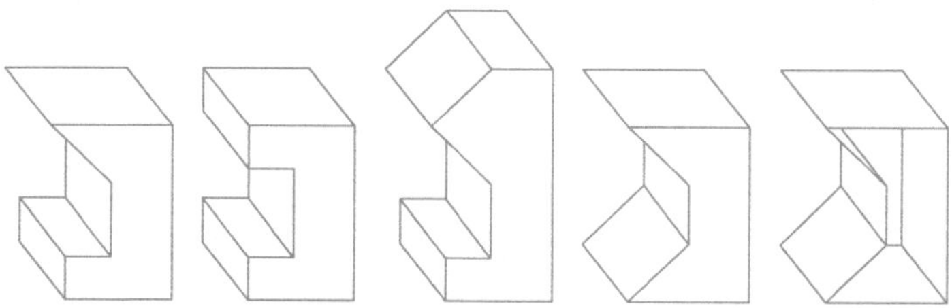

A B C D E

40) Diese Faltvorlage ist die Außenseite eines Körpers.

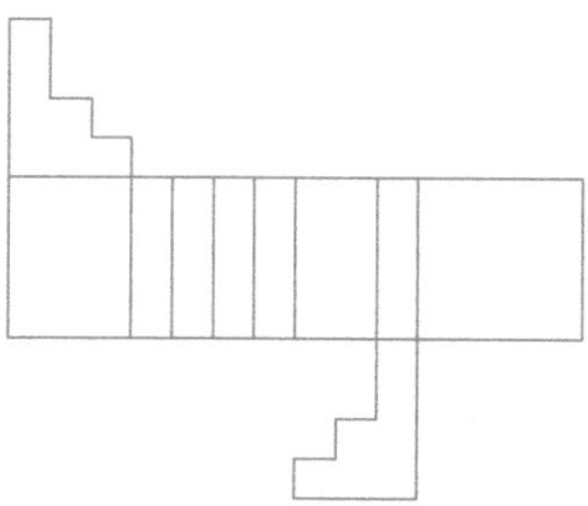

Welcher der Körper A bis E kann aus der Faltvorlage gebildet werden?

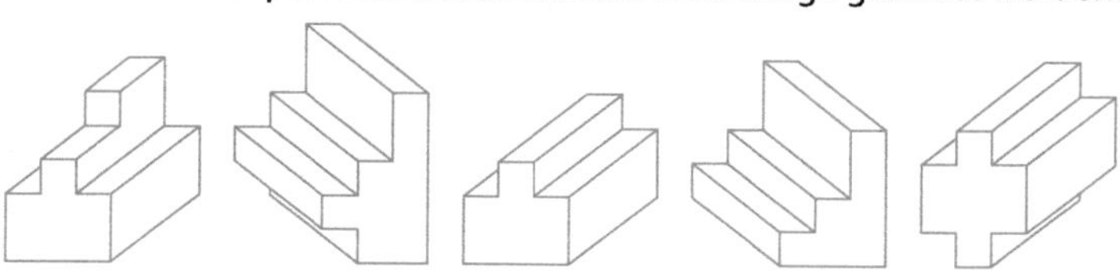

A B C D E

Fehlerhafte Figur erkennen *Bearbeitungszeit 2 × 1½ Minuten*

Diese Aufgaben prüfen Ihre Fähigkeit zur Erkennung visueller Details.

Sie erhalten eine Reihe mit scheinbar identischen Figuren. Aber eine Figur unterscheidet sich geringfügig von den anderen.

Beantworten Sie bitte die folgenden Aufgaben, indem Sie in jeder Reihe die fehlerhafte Figur erkennen und markieren.

Block A: Käfer

Für diesen Block haben Sie **1½ Minuten** Zeit.

41)

A B C D E

42)

A B C D E

43)

A B C D E

44)

A B C D E

45) 

A B C D E

Block B: Abstrakt

Für diesen Block haben Sie **1½ Minuten** Zeit.

46) 

A B C D E

47) 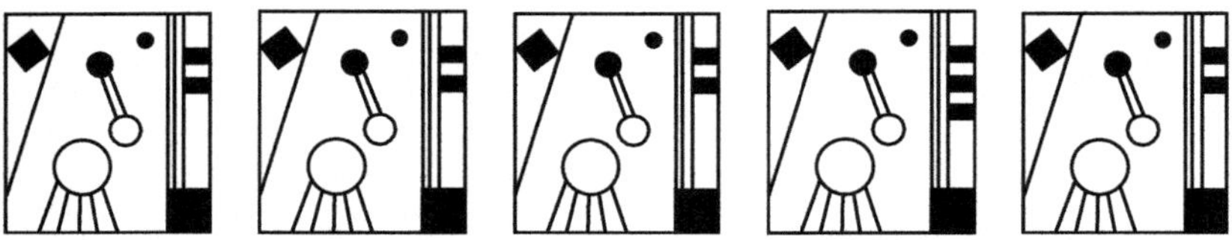

A B C D E

48) 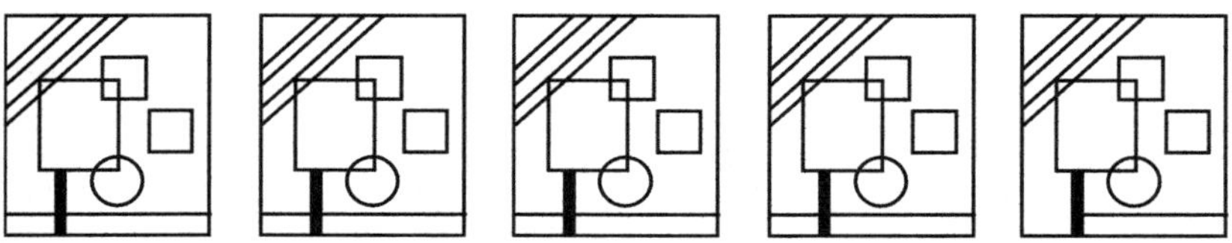

A B C D E

49) 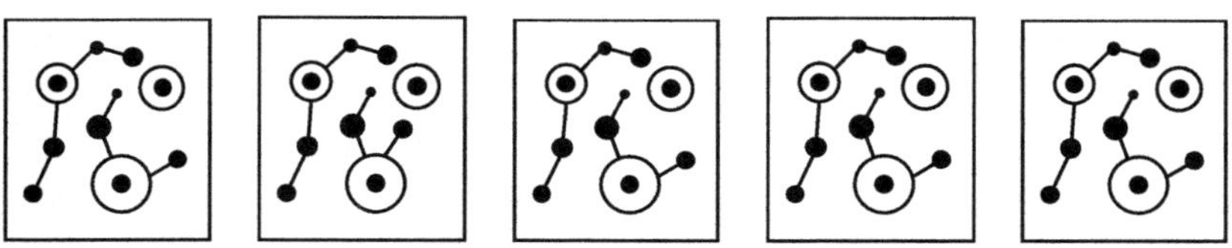

A B C D E

50)

A

B

C

D

E

Figuren drehen

Bearbeitungszeit 5 Minuten

Jede Aufgabenfigur besteht aus mehreren Elementen, die unabhängig voneinander gedreht werden können. Bitte führen Sie die vorgegebenen Operationen durch und markieren Sie den Antwortbuchstaben der korrekten Lösung.

51) Drehen Sie das Quadrat 45 Grad im Uhrzeigersinn und den Stern 90 Grad gegen den Uhrzeigersinn.

Welche Figur erhalten Sie?

A B C D E

52) Drehen Sie die Raute 90 Grad gegen den Uhrzeigersinn, den dunklen Pfeil 45 Grad im Uhrzeigersinn und den hellen Pfeil 135 Grad gegen den Uhrzeigersinn.

Welche Figur erhalten Sie?

A B C D E

53) Drehen Sie das Dreieck 90 Grad im Uhrzeigersinn, das Kreuz 45 Grad gegen den Uhrzeigersinn und den Pfeil 135 Grad im Uhrzeigersinn.

Welche Figur erhalten Sie?

A B C D E

54) Drehen Sie den dunklen Stern 60 Grad gegen den Uhrzeigersinn und den hellen Stern 210 Grad im Uhrzeigersinn.

Welche Figur erhalten Sie?

A B C D E

55) Drehen Sie das helle Dreieck 60 Grad im Uhrzeigersinn, das dunkle Dreieck 30 Grad gegen den Uhrzeigersinn und den Pfeil 45 Grad im Uhrzeigersinn.

Welche Figur erhalten Sie?

A B C D E

Perspektive wechseln

Bearbeitungszeit 2½ Minuten

Nun müssen Sie die Perspektive wechseln: Wie sieht das vorgestellte Gebilde aus, wenn man es in Pfeilrichtung betrachtet?

Hierzu ein Beispiel

Aufgabe

1) Gegeben ist folgendes Gebilde:

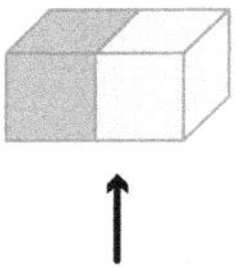

Welche der Abbildungen A bis E entspricht der Sicht in Pfeilrichtung?

A **B** **C** **D** **E**

Antwort

(A)

Bitte bearbeiten Sie nun die Aufgaben: Markieren Sie jeweils den Lösungsbuchstaben des richtigen Antwortvorschlags.

56) Gegeben ist folgendes Gebilde:

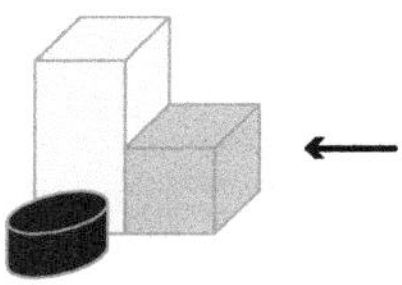

Welche der Abbildungen A bis E entspricht der Sicht in Pfeilrichtung?

A **B** **C** **D** **E**

57) Gegeben ist folgendes Gebilde:

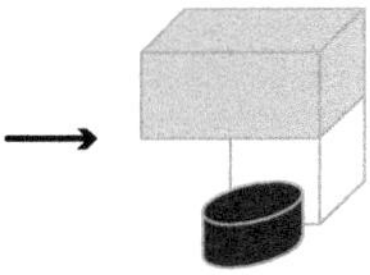

Welche der Abbildungen A bis E entspricht der Sicht in Pfeilrichtung?

A B C D E

58) Gegeben ist folgendes Gebilde:

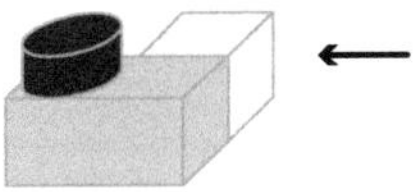

Welche der Abbildungen A bis E entspricht der Sicht in Pfeilrichtung?

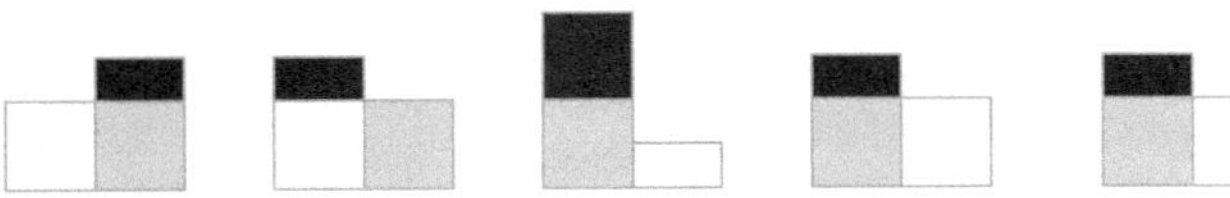

A B C D E

59) Gegeben ist folgendes Gebilde:

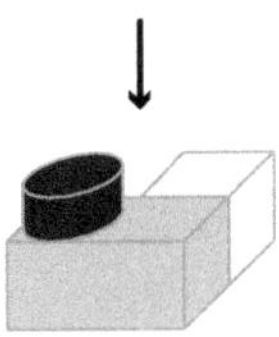

Welche der Abbildungen A bis E entspricht der Sicht in Pfeilrichtung?

A B C D E

60) Gegeben ist folgendes Gebilde:

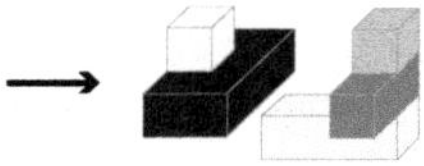

Welche der Abbildungen A bis E entspricht der Sicht in Pfeilrichtung?

A

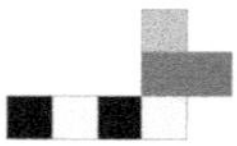

B

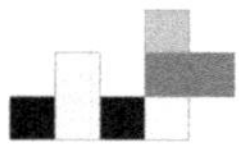

C

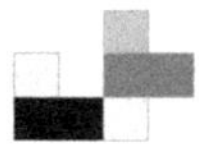

D

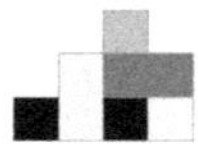

E

Lösungen: Visuelles Denkvermögen

1) B	21) D	41) D
2) E	22) B	42) B
3) A	23) D	43) A
4) A	24) D	44) D
5) C	25) C	45) C
6) A	26) D	46) A
7) D	27) E	47) D
8) E	28) D	48) E
9) C	29) C	49) B
10) B	30) C	50) B
11) B	31) E	51) D
12) C	32) D	52) A
13) B	33) A	53) E
14) A	34) B	54) C
15) A	35) D	55) D
16) C	36) A	56) B
17) A	37) C	57) C
18) B	38) D	58) D
19) A	39) D	59) D
20) C	40) D	60) C

Figurenanalogien (Aufgaben 1–10)

Zu 1) B.

Das Objekt schrumpft.

Zu 2) E.

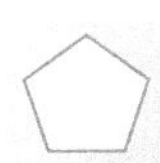

Die erste Form hat vier Zacken, die zweite fünf. Die dritte Form hat vier Ecken, dementsprechend muss die letzte fünf Ecken haben.

Zu 3) A.

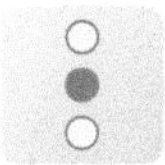

Im ersten Figurenpaar springt ein schwarzer Punkt zwischen die zwei weißen Punkte. Gleiches passiert beim zweiten Paar.

Zu 4) A.

Das rechte Figurenpaar erhält man, indem man das linke an der Senkrechten spiegelt. Dabei werden schwarze Sterne weiß und weiße schwarz.

Zu 5) C.

Die zweite Figur erhält man, indem man die erste um 180 Grad dreht und den schwarzen Kreis weiß färbt. Auf dieselbe Weise gelangt man von der dritten Figur zur vierten.

Zu 6) A.

Das Quadrat und der Kreis drehen sich um 135° im Uhrzeigersinn.

Zu 7) D.

In jeder Relation dehnen sich die beiden inneren Flächenformen aus, während die äußere schrumpft und ins Innere der Figur rückt.

Zu 8) E.

Die erste Figur verhält sich zur zweiten wie die dritte zur vierten: Die Form dreht sich um 180°, der Punkt wandert ein Feld entgegen dem Uhrzeigersinn.

Zu 9) C.

Die Figuren werden 90 Grad im Uhrzeigersinn gedreht und anschließend horizontal gespiegelt.

Zu 10) B.

Die Bildungsregel lautet: Man drehe die gesamte Aufgabenfigur um 90° gegen den Uhrzeigersinn und das Füllobjekt um weitere 45° in dieser Richtung. Knifflig ist: Man sieht dem Kreis nicht an, ob und wie weit er rotiert. Konzentrieren Sie sich zunächst auf das Füllobjekt, wenn Sie die Lösungsmöglichkeiten durchgehen.

Eine Figur fällt aus der Reihe (Aufgaben 11–20)

Zu 11) B.

Jedes Objekt besteht aus einem weißen Element und zwei schwarzen. In Objekt B ist dieses Verhältnis umgekehrt.

Zu 12) C.

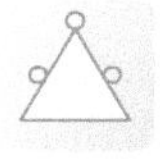

Jedes Objekt besteht aus einem Dreieck mit zwei kleinen Kreisen – nur Objekt C enthält drei kleine Kreise.

Zu 13) B.

Jede dunkle Fläche umschließt drei helle Kreise, jede helle Fläche zwei dunkle Kreise – nur in Objekt B ist es umgekehrt.

Zu 14) A.

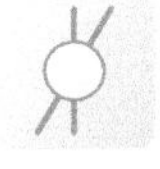

Zieht man die Linien vollständig durch, kreuzen sie sich rechtwinklig. Nur in Objekt A entsteht kein rechter Winkel.

Zu 15) A.

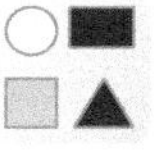

Jedes Objekt enthält vier verschiedenfarbige Elemente; in Objekt A haben das Rechteck und das Dreieck denselben Farbton.

Zu 16) C.

Jede Abbildung ist jeweils in der Mitte horizontal spiegelbildlich teilbar. Nur das Dreieck in Objekt C lässt sich nicht auf diese Weise spiegeln.

Zu 17) A.

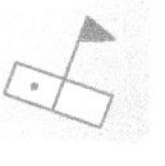

Dreht man das Objekt so, dass das Fähnchen aufrecht steht, befindet sich der schwarze Punkt immer im rechten Viereck– nur in Objekt A nicht.

Zu 18) B.

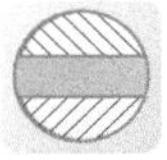

Jeder Kreis wird von drei verschieden gefüllten Bändern durchzogen: Ein Band ist grau, eines kariert und eines diagonal gestreift. In Kreis B sind jedoch zwei Bänder diagonal gestreift.

Zu 19) A.

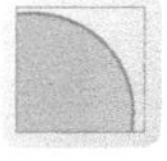

Alle Objekte zeigen einen Ausschnitt derselben Kreisfläche. Objekt A fällt aus der Reihe: Der hier gezeigte Kreis ist wesentlich größer.

Zu 20) C.

Achten Sie auf die Anzahl der Kreise: Die ungemusterte helle Fläche beinhaltet einen Kreis mehr als die einfach schraffierte Form, und diese umschließt einen Kreis mehr als die Form mit der Kreuzschraffur. Objekt C fällt aus der Reihe.

Würfelaufgaben (Aufgaben 21–30)

Zu 21) D.

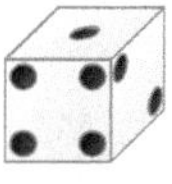

Kippen Sie den Aufgabenwürfel nach links und drehen Sie ihn um 90 Grad im Uhrzeigersinn.

Zu 22) B.

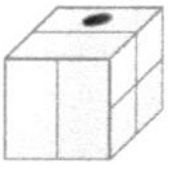

Kippen Sie den Aufgabenwürfel nach hinten und drehen Sie ihn um 90 Grad im Uhrzeigersinn.

Zu 23) D.

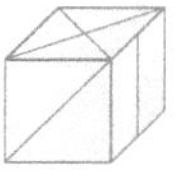

Drehen Sie den Aufgabenwürfel um 90 Grad im Uhrzeigersinn und kippen Sie ihn nach rechts.

Zu 24) D.

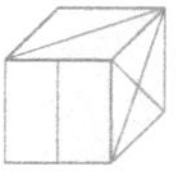

Kippen Sie den Aufgabenwürfel nach hinten und drehen Sie ihn um 90 Grad im Uhrzeigersinn.

Zu 25) C.

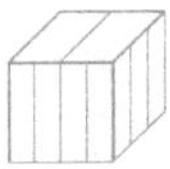

Kippen Sie den Aufgabenwürfel nach hinten und drehen Sie ihn um 90 Grad im Uhrzeigersinn.

Zu 26) D.

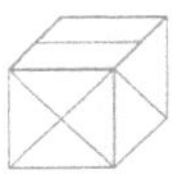

Kippen Sie den Aufgabenwürfel nach hinten und drehen Sie ihn um 90 Grad im Uhrzeigersinn.

Zu 27) E.

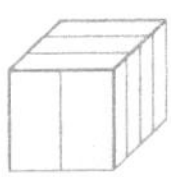

Kippen Sie den Aufgabenwürfel nach hinten und drehen Sie ihn um 90 Grad im Uhrzeigersinn.

Zu 28) D.

Kippen Sie den Aufgabenwürfel nach links und drehen Sie ihn um 90 Grad gegen den Uhrzeigersinn.

Zu 29) C.

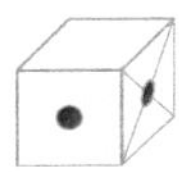

Kippen Sie den Aufgabenwürfel zweimal nach vorne und drehen Sie ihn um 90 Grad im Uhrzeigersinn.

Zu 30) C.

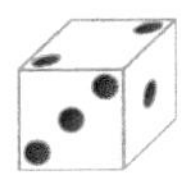

Kippen Sie den Aufgabenwürfel nach links und drehen Sie ihn um 90 Grad gegen den Uhrzeigersinn.

Faltvorlagen (Aufgaben 31–40)

Zu 31) E.

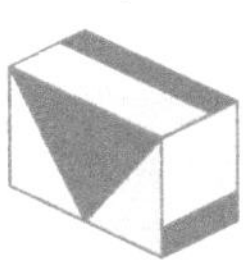

Dreieck im Fokus behalten, Quader zusammenfalten und 45 Grad im Uhrzeigersinn drehen.

Zu 32) D.

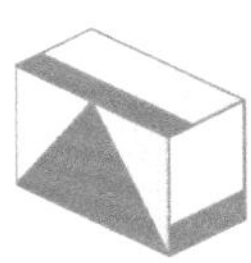

Dreieck im Fokus behalten, Quader zusammenfalten und 45 Grad im Uhrzeigersinn drehen.

Zu 33) A.

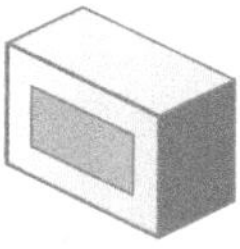

Doppelviereck im Fokus behalten, Quader zusammenfalten und 45 Grad im Uhrzeigersinn drehen.

Zu 34) B.

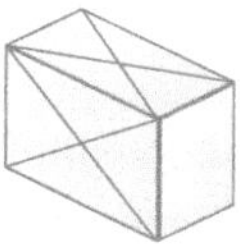

Aus der gegebenen Vorlage kann nur Körper B gebildet werden: Falten Sie dazu den Quader zusammen, stellen Sie ihn auf die unmarkierte, schmale Standfläche und drehen Sie ihn mit der breiten, markierten Seite nach links.

Zu 35) D.

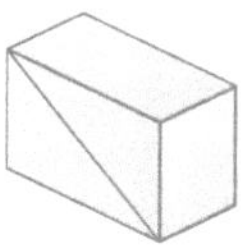

Aus der gegebenen Vorlage kann nur Körper D gebildet werden: Falten Sie dazu den Quader zusammen, stellen Sie ihn auf die markierte, schmale Standfläche und drehen Sie ihn mit der breiten, von links nach rechts diagonal absteigend gestreiften Seite nach links.

Zu 36) A.

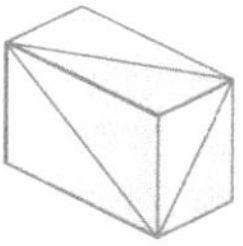

Aus der gegebenen Vorlage kann nur Körper A gebildet werden: Falten Sie dazu den Quader zusammen, stellen Sie ihn auf die diagonal von links oben nach rechts unten gestreifte Standfläche und drehen Sie ihn mit der genauso gestreiften breiten Seite nach links.

Zu 37) C.

Dreieck im Fokus behalten, Würfel zusammenfalten und 45 Grad gegen den Uhrzeigersinn drehen.

Zu 38) D.

Kreis im Fokus behalten, Würfel zusammenfalten, nach hinten kippen und 45 Grad im Uhrzeigersinn drehen.

Zu 39) D.

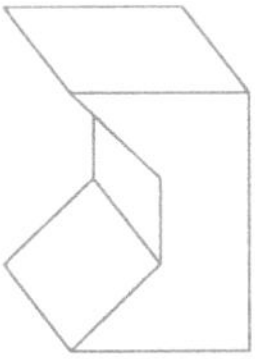

Zu 40) D.

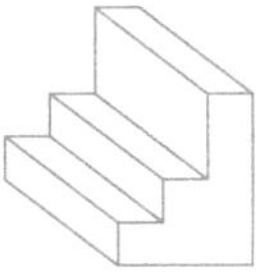

Lösungshinweis (Aufgaben 31–40)

Falls Sie nicht durch das Zusammenfalten des Körpers im Geiste auf die richtige Lösung kommen: Vergleichen Sie die Anordnung der Flächen der Faltvorlage mit den Seiten der vorgeschlagenen Körper. Liegt z. B. eine graue Fläche neben einer weißen, eine Fläche mit einem Kreis neben einer Fläche mit einem Quadrat oder eine quadratische Fläche neben einer schmalen rechteckigen? Bei manchen Aufgaben ist auch die Anzahl der Flächen interessant – hat der Körper genauso viele Seiten wie die Faltvorlage Flächen?

Fehlerhafte Figur erkennen (Aufgaben 41–50)

Block A: Käfer

Zu 41) D.

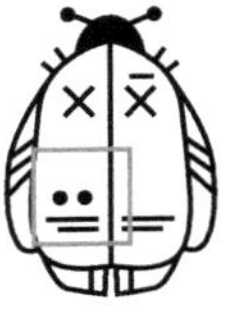

Zu 42) B.

Zu 43) A.

Zu 44) D.

Zu 45) C.

Block B: Abstrakt

Zu 46) A.

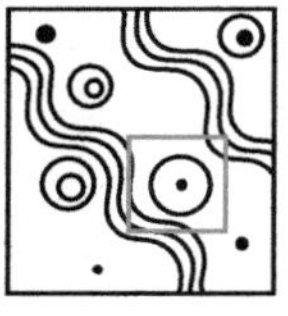

Zu 47) D.

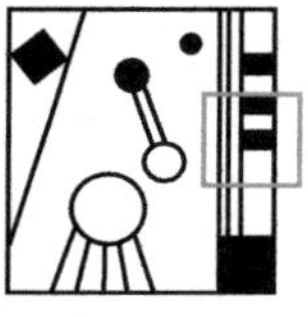

Zu 48) E.

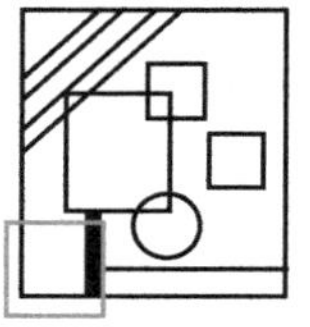

Zu 49) B.

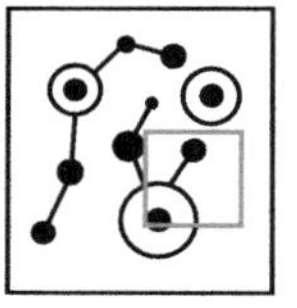

Zu 50) B.

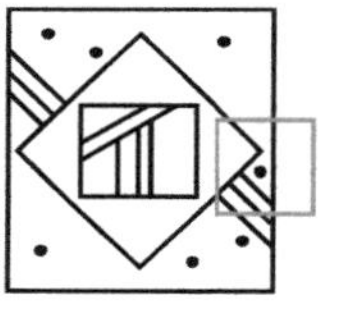

Figuren drehen (Aufgaben 51–55)

Zu 51) D.

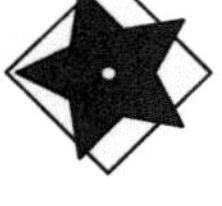

Gegenprobe: Drehen Sie den Stern 90 Grad im Uhrzeigersinn und das Quadrat 45 Grad gegen den Uhrzeigersinn.

Zu 52) A.

Gegenprobe: Drehen Sie den hellen Pfeil 135 Grad im Uhrzeigersinn, den dunklen Pfeil 45 Grad gegen den Uhrzeigersinn und die Raute 90 Grad im Uhrzeigersinn.

Zu 53) E.

Gegenprobe: Drehen Sie den Pfeil 135 Grad gegen den Uhrzeigersinn, das Kreuz 45 Grad im Uhrzeigersinn und das Dreieck 90 Grad gegen den Uhrzeigersinn.

Zu 54) C.

Gegenprobe: Drehen Sie den hellen Stern 210 Grad gegen den Uhrzeigersinn und den dunklen Stern 60 Grad im Uhrzeigersinn.

Zu 55) D.

Gegenprobe: Drehen Sie den Pfeil 45 Grad gegen den Uhrzeigersinn, das dunkle Dreieck 30 Grad im Uhrzeigersinn und das helle Dreieck 60 Grad gegen den Uhrzeigersinn.

Perspektive wechseln (Aufgaben 56–60)

Zu 56) B.

Zu 57) C.

Zu 58) D.

Zu 59) D.

Zu 60) C.

Konzentration und Merkfähigkeit

„n/m"-Test

Bearbeitungszeit 2 Minuten

Die vorliegenden Reihen bestehen aus zwei Buchstaben: „n" und „m".

Bitte finden Sie alle „n"s und notieren Sie die ermittelte Anzahl im rechten Feld.

1) m m m n m m n m m m m m m m m m m m m m ____

2) m m n n m m n n m m m m m m m m m m m m ____

3) m m m m m m m n m n m n m m m m m m m m ____

4) m m m m m m m m m m m n n n m m m m m m ____

5) m m m m m m m m m m m m m m n n m n m n ____

6) m m m m m m m m m m n m m m m n m n m m ____

7) m m m m m m m m n m n m n m m m m m m m ____

8) m m m m m m n m m n m m m n m m m m m m ____

9) m n m m m m m m m m m m m m m m m m m m ____

10) m n m n m n m m m m m m m m m m m m m m ____

11) m m m m m n m n m n m m m m m m m m m m ____

12) m m m m m m m m m n m m n n n m m m m m ____

13) m m m m m m m m m m m m m m m n n m n m ____

14) n m n n n n m m m m m m m m m m m m m m ____

15) m n n m m n n m m m m m m m m m m m m m ____

16) m m m n n m n n n m m m m m m m m m m m

17) n n n m n m n m m m m m m m m m m m m m

18) m n m m n m m m m m m m m m m m m m m m

19) m m n m m m m m m m m m m m m m m m m m

20) m m n m m m m m m m m m m m m m m m m m

21) m m n m m n m m n m m n m m m n m m m m

22) m m m m m m n m m n m m m n m m m m m m

23) m m m n m m m m n m m m n m m n m m m m

24) m m m m m n m m m m m m m m m m m m m m

25) m m n m m n m m n m m m n m m m m n m m

26) m m m m m m m m m m n m n m n n m n m m

27) m m m n m n m m m m m m m m m m m m m m

28) m m m m m n m n m n n m m m m m m m m m

29) m m n n m n m m m m m m m m m m m m m m

30) m m m m n m m n m m n m n m m m m m m m

31) m m m m m m m m m m m m m n m n m n n n

32) m m m m m m m m m m m m n m m n m m n m

33) m m m m m m m m m n m m m m m m m m m m

34) m m m m m m m m m n m m m m m m m m m m

35) m m m m m m m m m m m m n n m m n m m m ____

36) m m m m n m m m m n m m m m m n m m m m ____

37) m m n m n m n m m m m m m m m m m m m m ____

38) m m m m m m n m n m n m m m m m m m m m ____

39) m m m m m m m m m m n m m m m m m m m m ____

40) m m m m m m m n m n m m m m m m m m m m ____

Buchstabenfolgen finden *Bearbeitungszeit 5 Minuten*

Sie erhalten mehrere Buchstabenreihen, in denen manchmal drei direkt benachbarte Buchstaben eine alphabetisch aufsteigende Folge bilden.

Bitte unterstreichen Sie alle Buchstabenkombinationen, auf die dies zutrifft, und notieren Sie die Anzahl der gefundenen Kombinationen im rechten Feld. Dabei gilt: Ein Buchstabe darf nur einer Kombination zugerechnet werden. Pro Zeile kommen also höchstens sechs Kombinationen vor.

Hierzu ein Beispiel

Aufgabe

1) B C D G E D A B C V D B L M N B Q R S P ___

2) B S A R A B C F J T K L M P D F S U V W ___

Antwort

1) **B C D** G E D **A B C** V D B **L M N** B **Q R S** P 4

2) B S A R **A B C** F J T **K L M** P D F S **U V W** 3

Bitte beginnen Sie nun mit der Bearbeitung: Zählen Sie alle Kombinationen aus drei alphabetisch aufeinanderfolgenden Buchstaben.

41) D F E G H I M V D S H P J U Z H O I J K ___

42) A B C F H R H Z G G H I N V M S A D E F ___

43) C F R S G U V W J O U U V W T E Z H Z K ___

44) O P Q F R H T Z J G H I B V C X Y Z A B ___

45) D E F A E G Q G B Z R J H K L M O I P K ___

46) F A E Q R S C V G R Z T W X Y A W X Y S ___

47) W Q E D F R W H Z T J K L P I G P Q R W ____

48) Q R S A G T R K U T O P Q S W X V F G H ____

49) F R E H G Z R U P U P Q R D R G T Z U P ____

50) N K L O U I T F T U V F R D R V G T U V ____

51) S D W R T D S W C D E G H R W S T U K L ____

52) R H R U L J U I P Q R T U I J K O P Q E ____

53) Q W E R Z U I O L M N E R T G D E F Q W ____

54) R T G J I O L K L M L O P I G A L I J K ____

55) F A B I L O T I S A L E F G A S I T O L ____

56) E R T I C A N I J K R A S E D A A L D I ____

57) H E L I W I U O W X Y A R A D A R A T O ____

58) S E I G N U N G S T E S T F U R A X Y Z ____

59) E I N S T E L L U N G S T E S T D E F A ____

60) P R U E F U N G S F R A G E N O P A Z B ____

61) B C D F E R I E N M A C H T S P A S S I ____

62) D A B E I S E I N I S T U N D B L E I B ____

63) G U T E N T A G H I S T H I E R E I J K ____

64) D A S I S T A B C G A N Z S C H O E N I ____

65) G A S T Z U S E I N I S T U R A T E N A ____

66) K I L O G R S A T U R N E L E F G Z I P ____

67) L A C H E N M A C H T G U T U V T Q A T ____

68) J A D A S M A C H T W I R K L I C H I J ____

69) D E F A D E F H W K L M G T S T U A B C ____

70) G U T E U E B U N G Z U D E F T E S T E ____

71) B A L L S P I E L E N M A C H S T U S A ____

72) D A M I T K E I N E R A U S D E F G A Q ____

73) F F D E H G F G H D E J K L D K Z T L O ____

74) A R H K O D T H I J D W Q J O Z D E F W ____

75) R T U W F H J O R M N O D J O R T S Q W ____

76) A D E F D G U O P Q F H W U L F G H Q W ____

77) G R W E R T U B P Q R A B R S T Q A B C ____

78) B A N A B A K S A N A K I Z A B C R S T ____

79) B E N I S E V I Y O R M U S U N O P S T ____

80) S T R A S S E N S I N D E F R Z T U V S ____

Codierte Wörter

Bearbeitungszeit 4 Minuten

Jeder Einrichtung und jeder Stadt ist ein zweistelliger Zahlencode zugeordnet.

Setzen Sie die Einrichtungs- und Städtecodes richtig zusammen.

Hierzu ein Beispiel

Code-Tabelle

Einrichtung	Code	Stadt	Code
Polizei	01	Offenbach	01
Gymnasium	02	Hamburg	02

Aufgabe

1) Wie lautet der Code für das Gymnasium in Offenbach? 0201

Hier nun die Code-Tabelle:

Einrichtung	Code	Stadt	Code
Theater	01	Hannover	01
Schwimmbad	02	Kassel	02
Stadthalle	03	Würzburg	03
Schule	04	Karlsruhe	04
Krankenhaus	05	Aachen	05
Universität	06	München	06
Patentamt	07	Osnabrück	07
Polizei	08	Rostock	08
Bundeswehr	09	Berlin	09
Feuerwehr	10	Potsdam	10

Bitte beginnen Sie nun mit den Aufgaben – Sie haben dafür **4 Minuten** Zeit.

Wie lautet der Code …

81) … für die Schule in Karlsruhe? ________

82) … für das Theater in Hannover? ________

83) ... für das Schwimmbad in Kassel? ______

84) ... für die Polizei in Rostock? ______

85) ... für das Patentamt in Osnabrück? ______

86) ... für die Universität in München? ______

87) ... für das Krankenhaus in Aachen? ______

88) ... für die Stadthalle in Würzburg? ______

89) ... für die Bundeswehr in Berlin? ______

90) ... für die Feuerwehr in Potsdam? ______

91) ... für das Theater in Karlsruhe? ______

92) ... für das Krankenhaus in Würzburg? ______

93) ... für die Polizei in Berlin? ______

94) ... für das Schwimmbad in Rostock? ______

95) ... für die Stadthalle in Osnabrück? ______

96) ... für die Universität in Hannover? ______

97) ... für das Patentamt in Aachen? ______

98) ... für die Schule in München? ______

99) ... für die Bundeswehr in Potsdam? ______

100) ... für die Feuerwehr in Kassel? ______

101) ... für das Schwimmbad in Potsdam? ______

102) ... für die Universität in Berlin? ______

103) ... für die Polizei in Aachen? ______

104) … für die Schule in Kassel? ______

105) … für das Krankenhaus in Hannover? ______

106) … für das Theater in Würzburg? ______

107) … für die Stadthalle in München? ______

108) … für das Patentamt in Würzburg? ______

109) … für die Bundeswehr in Osnabrück? ______

110) … für die Feuerwehr in Rostock? ______

111) … für das Krankenhaus in Berlin? ______

112) … für die Polizei in München? ______

113) … für die Schule in Potsdam? ______

114) … für das Schwimmbad in Hannover? ______

115) … für das Theater in Berlin? ______

Einrichtung	Code	Stadt	Code
Theater	01	Hannover	01
Schwimmbad	02	Kassel	02
Stadthalle	03	Würzburg	03
Schule	04	Karlsruhe	04
Krankenhaus	05	Aachen	05
Universität	06	München	06
Patentamt	07	Osnabrück	07
Polizei	08	Rostock	08
Bundeswehr	09	Berlin	09
Feuerwehr	10	Potsdam	10

Dispositionsliste merken

Einprägezeit 5 Minuten

Im Folgenden müssen Sie sich Angaben aus einer Warenliste einprägen.

Auf der nächsten Seite finden Sie eine Liste mit zwölf Artikeln: Aufgeführt sind jeweils der Lieferantenname, die Artikelbezeichnung, die Bestellmenge und das Lieferdatum. Prägen Sie sich diese Informationen möglichst gut ein.

Hierzu ein Beispiel

Dispositionsliste

Lieferantenname	Artikelbezeichnung	Bestellmenge	Lieferdatum
Lambo	Apfel	200 Stück	Mitte März
Subati	Ball	130 Stück	Anfang Juni
Matalis	Eyeliner	350 Stück	Anfang März
Wilko	Schlafsack	600 Stück	Anfang Juli
Fabit	Puppe	40 Stück	Anfang März

Aufgabe

1) Welcher Artikel wird über den Lieferanten Matalis bestellt?

A. Apfel
B. Ball
C. Eyeliner
D. Schlafsack
E. Puppe

Antwort

(C.) Eyeliner

Merkhilfe:

- Die zwölf Artikel der Dispositionsliste lassen sich in vier Warengruppen einordnen: Hygieneartikel, Sportartikel, Haushaltswaren und Werkzeug.
- Innerhalb einer Warengruppe sind die letzten beiden Buchstaben des jeweiligen Lieferantennamens, der Liefermonat sowie die Bestellmenge stets identisch.

Hier nun die Dispositionsliste:

Zum Einprägen haben Sie **5 Minuten** Zeit. Hierbei dürfen Sie sich keine Notizen machen.

Lieferant	Artikelbezeichnung	Bestellmenge	Lieferdatum
Meito	Hammer	60 Stück	Mitte März
Bamba	Shampoo	50 Stück	Anfang Oktober
Fila	Fußball	30 Stück	Ende Januar
Lolo	Vase	40 Stück	Ende Juli
Feito	Bohrmaschine	60 Stück	Ende März
Lamba	Parfum	50 Stück	Mitte Oktober
Wila	Schuhe	30 Stück	Mitte Januar
Malo	Löffel	40 Stück	Mitte Juli
Beito	Zollstock	60 Stück	Anfang März
Samba	Zahnpasta	50 Stück	Ende Oktober
Lila	Trikot	30 Stück	Anfang Januar
Nalo	Glas	40 Stück	Anfang Juli

! *Hinweis*

Nachdem Sie sich die Warenliste eingeprägt haben, sollten Sie sich 5 Minuten mit etwas anderem beschäftigen, bevor Sie die dazugehörigen Fragen aus dem Gedächtnis beantworten.

Decken Sie dafür diese Seite ab.

Dispositionsliste merken *Bearbeitungszeit 5 Minuten*

Soeben lag Ihnen eine Dispositionsliste vor, die Sie sich einprägen sollten.

Bitte bearbeiten Sie nun die Aufgaben: Markieren Sie jeweils den Lösungsbuchstaben des richtigen Antwortvorschlags.

116) Wie lautet der Lieferant für die Zollstöcke?

A. Beito
B. Fila
C. Bamba
D. Lolo
E. Nalo

117) Wie lautet der Lieferant des Parfums?

A. Feito
B. Beito
C. Lamba
D. Malo
E. Wila

118) Wie lautet der Lieferant für Schuhe?

A. Bamba
B. Meito
C. Samba
D. Lila
E. Wila

119) Wie lautet der Lieferant für die Trikots?

A. Bamba
B. Meito
C. Samba
D. Lila
E. Wila

120) Wie lautet der Lieferant für die Fußbälle?

A. Bamba
B. Meito
C. Samba
D. Fila
E. Wila

121) Wie lautet der Lieferant für das Shampoo?

A. Bamba
B. Meito
C. Samba
D. Fila
E. Wila

122) Welchen Artikel liefert die Firma Samba?

A. Trikot
B. Zahnpasta
C. Fußball
D. Glas
E. Vase

123) Welchen Artikel liefert die Firma Lila?

A. Zollstock
B. Zahnpasta
C. Glas
D. Trikot
E. Fußball

124) Welchen Artikel liefert die Firma Fila?

A. Shampoo
B. Fußball
C. Vase
D. Hammer
E. Schraubenschlüssel

125) Welchen Artikel liefert die Firma Bamba?

A. Shampoo
B. Fußball
C. Vase
D. Hammer
E. Schraubenschlüssel

126) Welchen Artikel liefert die Firma Lamba?

A. Shampoo
B. Fußball
C. Vase
D. Hammer
E. Parfum

127) Welchen Artikel liefert die Firma Malo?

A. Shampoo
B. Fußball
C. Löffel
D. Hammer
E. Parfum

128) Von welchem Artikel wurden 30 Stück bestellt?

A. Parfum
B. Fußball
C. Vase
D. Hammer
E. Löffel

129) Von welchem Artikel wurden 60 Stück bestellt?

A. Zollstock
B. Zahnpasta
C. Glas
D. Trikot
E. Fußball

130) Von welchem Artikel wurden 40 Stück bestellt?

A. Zollstock
B. Schuhe
C. Parfum
D. Bohrmaschine
E. Löffel

131) Von welchem Artikel wurden 50 Stück bestellt?

A. Zollstock
B. Schuhe
C. Shampoo
D. Bohrmaschine
E. Löffel

132) Von welchem Artikel wurden 30 Stück bestellt?

A. Trikot
B. Löffel
C. Shampoo
D. Bohrmaschine
E. Löffel

133) Von welchem Artikel wurden 40 Stück bestellt?

A. Trikot
B. Glas
C. Shampoo
D. Bohrmaschine
E. Zollstock

134) Von welchem Artikel wurden 30 Stück bestellt?

A. Schuhe
B. Glas
C. Parfum
D. Hammer
E. Löffel

135) Wie lautet das Lieferdatum für die Schuhe?

A. Mitte Januar
B. Mitte März
C. Mitte Oktober
D. Mitte Juli
E. Anfang Juli

136) Wie lautet das Lieferdatum für die Trikots?

A. Mitte Januar
B. Ende März
C. Ende Oktober
D. Anfang Juli
E. Anfang Januar

137) Wie lautet das Lieferdatum für die Fußbälle?

A. Mitte März
B. Ende Oktober
C. Mitte Oktober
D. Anfang Juli
E. Ende Januar

138) Wie lautet das Lieferdatum für Hammer?

A. Mitte März
B. Anfang Oktober
C. Mitte Oktober
D. Ende Oktober
E. Ende Juli

139) Welchen Artikel liefert die Firma Nalo?

A. Vase
B. Trikot
C. Glas
D. Fußball
E. Parfum

140) Welchen Artikel liefert die Firma Bamba?

A. Zollstock
B. Bohrmaschine
C. Trikot
D. Shampoo
E. Glas

Figurenpaare einprägen

Einprägezeit 10 Minuten

Unten finden Sie einen Block mit 15 Figurenpaaren. Bitte merken Sie sich, welche zwei Figuren jeweils zusammengehören.

Anschließend erhalten Sie einzelne Figuren und müssen dazu den richtigen Partner bestimmen.

Zum Einprägen haben Sie **10 Minuten** Zeit. Hierbei dürfen Sie sich keine Notizen machen.

Figurenpaare

! ***Hinweis***

Bei dieser Aufgabe ist keine Unterbrechung notwendig, bitte beginnen Sie direkt mit der Bearbeitung!

Figurenpaare einprägen

Bearbeitungszeit 5 Minuten

Bitte stellen Sie das ursprüngliche Figurenpaar wieder her, indem Sie den Lösungsbuchstaben der jeweils passenden Figur markieren.

141) Welche Figur vervollständigt das Figurenpaar?

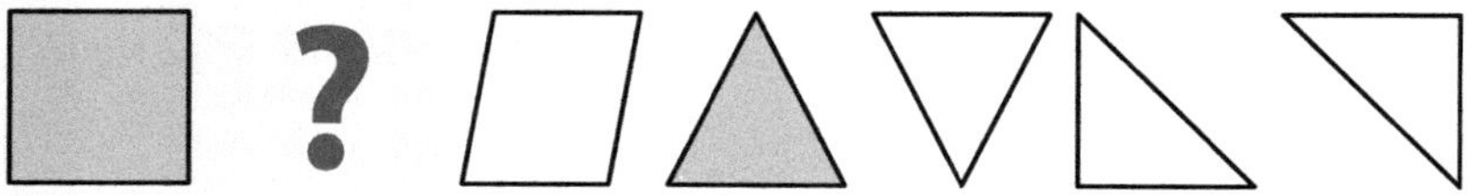

A B C D E

142) Welche Figur vervollständigt das Figurenpaar?

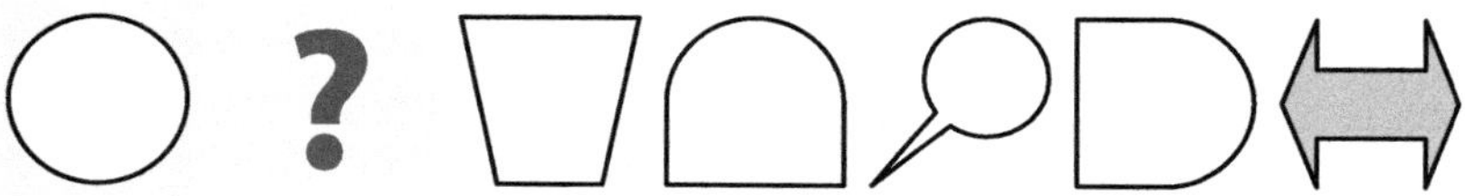

A B C D E

143) Welche Figur vervollständigt das Figurenpaar?

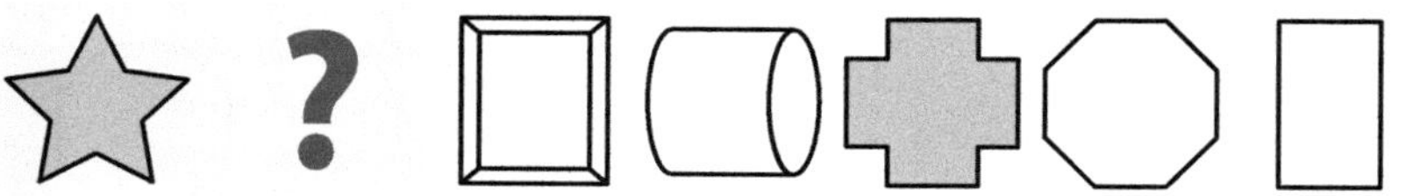

A B C D E

144) Welche Figur vervollständigt das Figurenpaar?

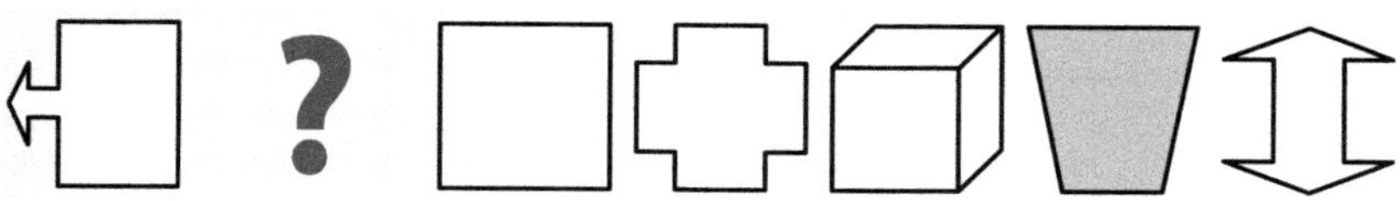

A B C D E

145) Welche Figur vervollständigt das Figurenpaar?

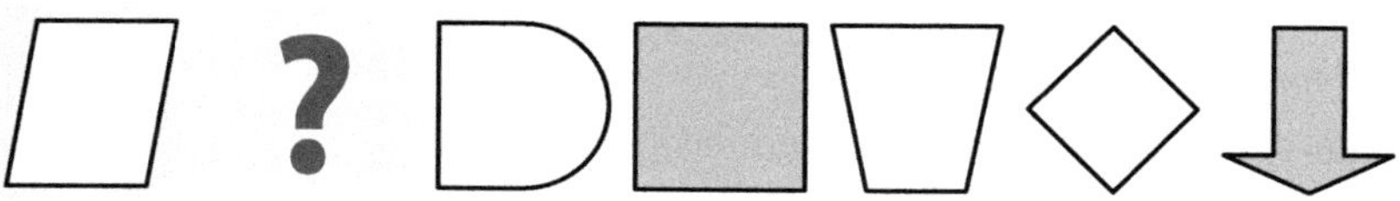

A B C D E

146) Welche Figur vervollständigt das Figurenpaar?

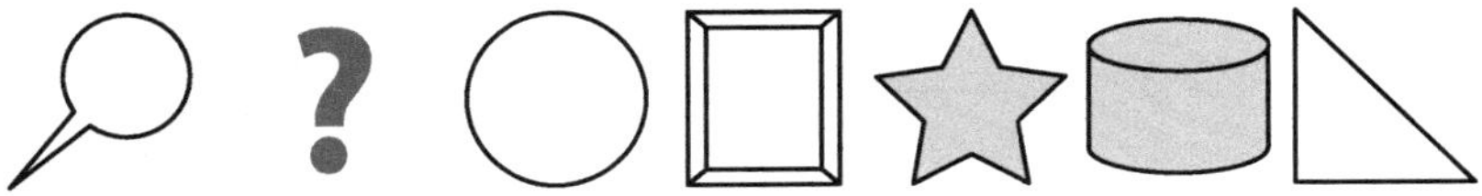

A B C D E

147) Welche Figur vervollständigt das Figurenpaar?

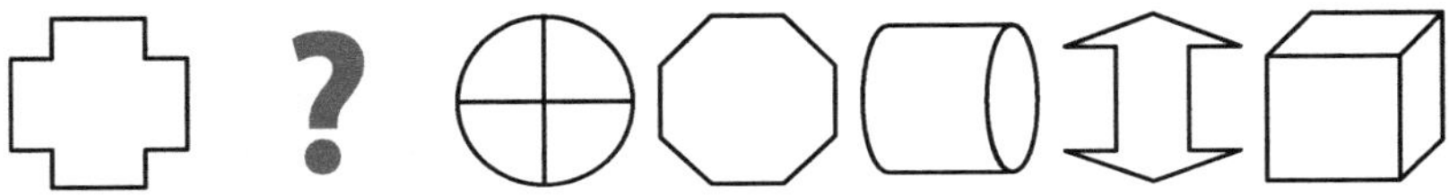

A B C D E

148) Welche Figur vervollständigt das Figurenpaar?

A B C D E

149) Welche Figur vervollständigt das Figurenpaar?

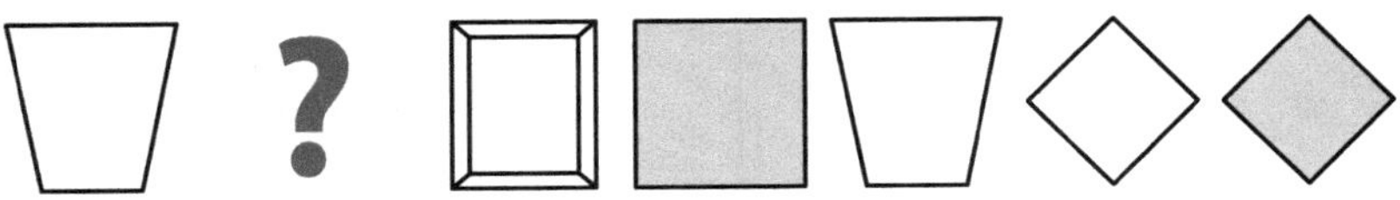

A B C D E

150) Welche Figur vervollständigt das Figurenpaar?

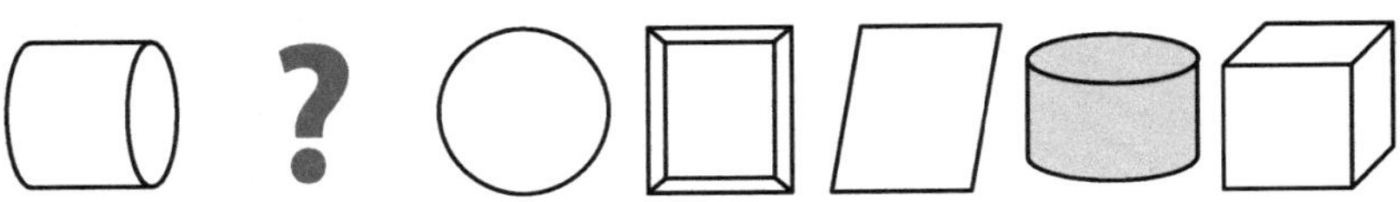

A B C D E

151) Welche Figur vervollständigt das Figurenpaar?

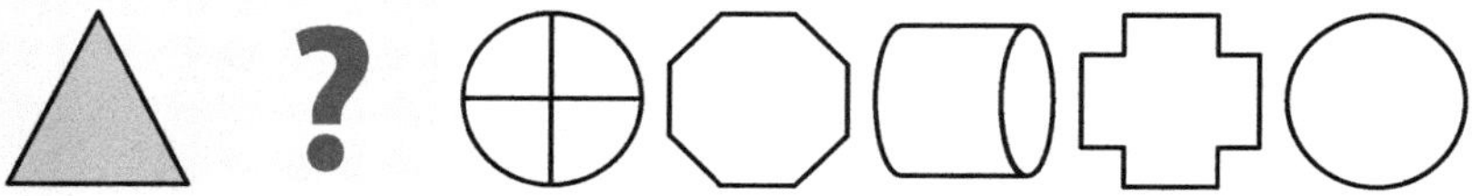

A B C D E

152) Welche Figur vervollständigt das Figurenpaar?

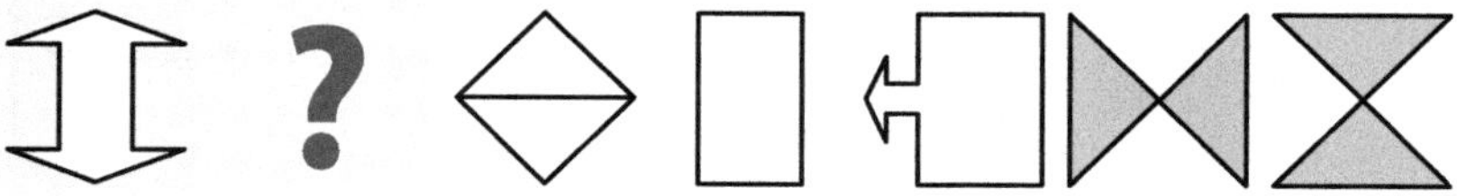

A B C D E

153) Welche Figur vervollständigt das Figurenpaar?

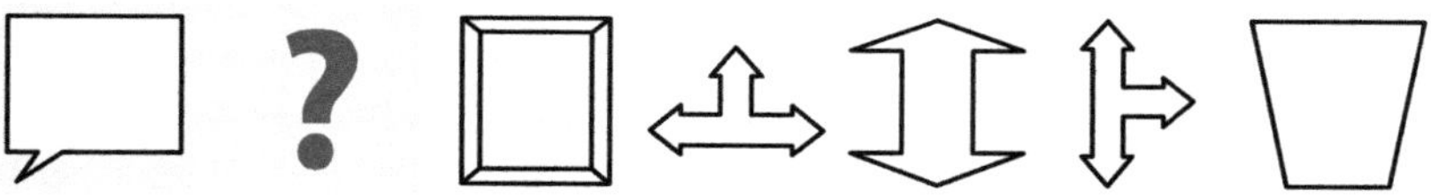

A B C D E

154) Welche Figur vervollständigt das Figurenpaar?

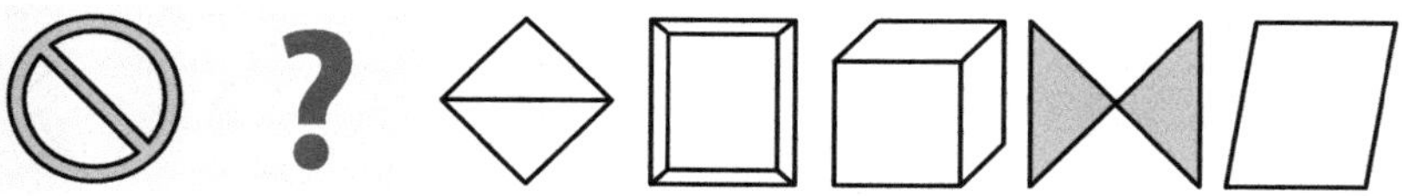

A B C D E

155) Welche Figur vervollständigt das Figurenpaar?

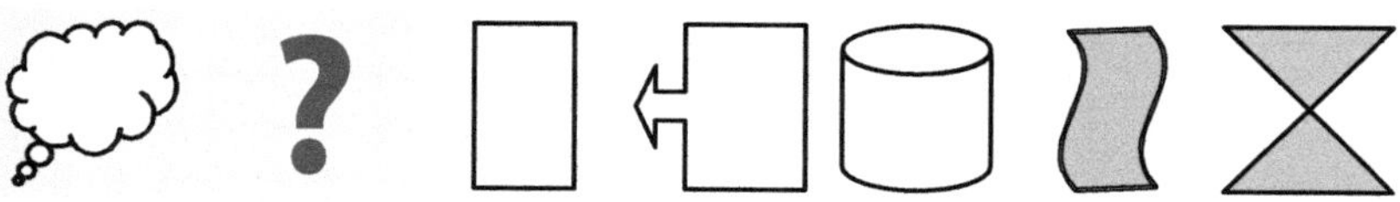

A B C D E

Schlüssel finden

Bearbeitungszeit 5 Minuten

Die abgebildeten Schlüssel haben unterschiedlich viele Zacken. Bitte markieren Sie alle Schlüssel mit genau einem oder zwei Zacken. Wie lang die Zacken sind – und ob sie eher spitz oder breit zulaufen – spielt keine Rolle.

Hierzu ein Beispiel

Aufgabe

1) 

Antwort

1) 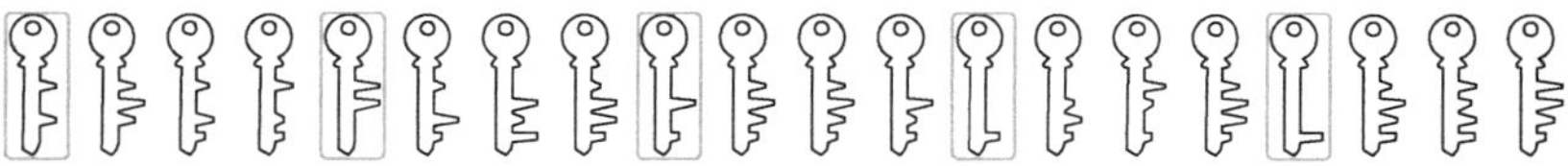

Bitte beginnen Sie nun mit der Bearbeitung: Markieren Sie die gesuchten Schlüssel.

156) 

157) 

158) 

159) 

160) 

161) 

162) 

163) 

164) 

165) 

166) 

167) 

168) 

169) 

170) 

171) 

172) 

173) 

174) 

175) 

176) 

177) 

178) 

179) 

180) 

181) 

182) 

183) 

184) 

185) 

Wortgruppen merken

Einprägezeit 3 Minuten

Bitte merken Sie sich, welche Wörter zu welchen Wortgruppen gehören.

Zum Einprägen haben Sie **3 Minuten** Zeit. Hierbei dürfen Sie sich keine Notizen machen.

Wortgruppentabelle

Sportarten:				
Diskuswurf	Zehnkampf	Golf	Volleyball	Yoga
Vornamen:				
Lisa	Torsten	Ines	Julia	Christian
Hauptstädte:				
Berlin	Oslo	Rom	Athen	Paris
Obstarten:				
Zitrone	Quitte	Kirsche	Nektarine	Erdbeere
Insekten:				
Fliege	Wespe	Heuschrecke	Schmetterling	Marienkäfer

! *Hinweis*

Nachdem Sie sich die Tabelle eingeprägt haben, sollten Sie sich 5 Minuten mit etwas anderem beschäftigen, bevor Sie die dazugehörigen Fragen aus dem Gedächtnis beantworten.

Decken Sie dafür diese Seite ab.

Wortgruppen merken *Bearbeitungszeit 10 Minuten*

Soeben lag Ihnen eine Tabelle mit Wörtern vor, die bestimmten Wortgruppen zugeordnet waren.

Bitte beginnen Sie nun mit der Bearbeitung: Markieren Sie jeweils den Lösungsbuchstaben des richtigen Antwortvorschlags.

186) In welche Begriffsgruppe gehört das Wort mit dem Anfangsbuchstaben „Q"?

A. Sportarten
B. Vornamen
C. Hauptstädte
D. Obstarten
E. Insekten

187) In welche Begriffsgruppe gehört das Wort mit dem Anfangsbuchstaben „H"?

A. Sportarten
B. Vornamen
C. Hauptstädte
D. Obstarten
E. Insekten

188) In welche Begriffsgruppe gehört das Wort mit dem Anfangsbuchstaben „I"?

A. Sportarten
B. Vornamen
C. Hauptstädte
D. Obstarten
E. Insekten

189) In welche Begriffsgruppe gehört das Wort mit dem Anfangsbuchstaben „J"?

A. Sportarten
B. Vornamen
C. Hauptstädte
D. Obstarten
E. Insekten

190) In welche Begriffsgruppe gehört das Wort mit dem Anfangsbuchstaben „M"?

A. Sportarten
B. Vornamen
C. Hauptstädte
D. Obstarten
E. Insekten

191) In welche Begriffsgruppe gehört das Wort mit dem Anfangsbuchstaben „L"?

A. Sportarten
B. Vornamen
C. Hauptstädte
D. Obstarten
E. Insekten

192) In welche Begriffsgruppe gehört das Wort mit dem Anfangsbuchstaben „E“?

A. Sportarten
B. Vornamen
C. Hauptstädte
D. Obstarten
E. Insekten

193) In welche Begriffsgruppe gehört das Wort mit dem Anfangsbuchstaben „P“?

A. Sportarten
B. Vornamen
C. Hauptstädte
D. Obstarten
E. Insekten

194) In welche Begriffsgruppe gehört das Wort mit dem Anfangsbuchstaben „G“?

A. Sportarten
B. Vornamen
C. Hauptstädte
D. Obstarten
E. Insekten

195) In welche Begriffsgruppe gehört das Wort mit dem Anfangsbuchstaben „T“?

A. Sportarten
B. Vornamen
C. Hauptstädte
D. Obstarten
E. Insekten

196) Die Sportart, die im Alphabet am weitesten hinten steht, beginnt mit …?

A. T.
B. W.
C. X.
D. Y.
E. Z.

197) Der Vorname, der im Alphabet am weitesten vorne steht, beginnt mit …?

A. A.
B. B.
C. C.
D. D.
E. F.

198) Die Hauptstadt, die im Alphabet am weitesten hinten steht, beginnt mit …?

A. O.
B. P.
C. Q.
D. R.
E. S.

199) Die Obstart, die im Alphabet am weitesten vorne steht, beginnt mit …?

A. K.
B. E.
C. F.
D. I.
E. L.

200) Die Obstart, die im Alphabet am weitesten hinten steht, beginnt mit …?

A. Y.
B. Z.
C. V.
D. U.
E. T.

201) Das Insekt, das im Alphabet am weitesten hinten steht, beginnt mit …?

A. Z.
B. Y.
C. S.
D. Q.
E. W.

202) Die Sportart, die im Alphabet am weitesten vorne steht, beginnt mit …?

A. A.
B. B.
C. D.
D. E.
E. F.

203) Das Insekt, das im Alphabet am weitesten vorne steht, beginnt mit …?

A. A.
B. F.
C. M.
D. O.
E. Q.

204) Der Vorname, der im Alphabet am weitesten hinten steht, beginnt mit …?

A. R.
B. S.
C. V.
D. T.
E. N.

205) Die Hauptstadt, die im Alphabet am weitesten vorne steht, beginnt mit …?

A. B.
B. P.
C. F.
D. E.
E. A.

206) In welche Begriffsgruppe gehört das Wort mit dem Anfangsbuchstaben „C“?

A. Sportarten
B. Vornamen
C. Hauptstädte
D. Obstarten
E. Insekten

207) In welche Begriffsgruppe gehört das Wort mit dem Anfangsbuchstaben „R“?

A. Sportarten
B. Vornamen
C. Hauptstädte
D. Obstarten
E. Insekten

208) In welche Begriffsgruppe gehört das Wort mit dem Anfangsbuchstaben „A“?

A. Sportarten
B. Vornamen
C. Hauptstädte
D. Obstarten
E. Insekten

209) In welche Begriffsgruppe gehört das Wort mit dem Anfangsbuchstaben „F“?

A. Sportarten
B. Vornamen
C. Hauptstädte
D. Obstarten
E. Insekten

210) In welche Begriffsgruppe gehört das Wort mit dem Anfangsbuchstaben „K"?

A. Sportarten
B. Vornamen
C. Hauptstädte
D. Obstarten
E. Insekten

211) In welche Begriffsgruppe gehört das Wort mit dem Anfangsbuchstaben „Y"?

A. Sportarten
B. Vornamen
C. Hauptstädte
D. Obstarten
E. Insekten

212) In welche Begriffsgruppe gehört das Wort mit dem Anfangsbuchstaben „N"?

A. Sportarten
B. Vornamen
C. Hauptstädte
D. Obstarten
E. Insekten

213) In welche Begriffsgruppe gehört das Wort mit dem Anfangsbuchstaben „D"?

A. Sportarten
B. Vornamen
C. Hauptstädte
D. Obstarten
E. Insekten

214) In welche Begriffsgruppe gehört das Wort mit dem Anfangsbuchstaben „O"?

A. Sportarten
B. Vornamen
C. Hauptstädte
D. Obstarten
E. Insekten

215) In welche Begriffsgruppe gehört das Wort mit dem Anfangsbuchstaben „S"?

A. Sportarten
B. Vornamen
C. Hauptstädte
D. Obstarten
E. Insekten

Zahlenkarten kategorisieren *Bearbeitungszeit 3 Minuten*

Zu jeder Aufgabe erhalten Sie eine Zahlenkarte.

Je nachdem, welche Zahlen auf der Karte stehen, ist diese in eine von drei Kategorien einzuordnen. Die Entscheidungskriterien stehen in der Sortiertabelle.

Hierzu ein Beispiel

Sortiertabelle

Kategorie A	Obere Zahl > 200	Untere Zahl < 0,042
Kategorie B	Obere Zahl < 200	Untere Zahl > 0,042
Kategorie C	Alle anderen Zahlenkarten	

Aufgabe

	1)	2)	3)
Obere Zahl	202	120	202
Untere Zahl	0,011	0,082	0,089
Kategorie ?			

Antwort

	1)	2)	3)
Obere Zahl	202	120	202
Untere Zahl	0,011	0,082	0,089
Kategorie ?	A	B	C

Beginnen Sie bitte jetzt mit den Aufgaben: Ordnen Sie jede Zahlenkarte der richtigen Kategorie zu, indem Sie unter der Karte den Buchstaben A, B oder C eintragen. Sie haben dafür **3 Minuten** Zeit.

Hier nun die Sortiertabelle:

Kategorie A	Obere Zahl > 150	Untere Zahl < 0,087
Kategorie B	Obere Zahl < 150	Untere Zahl > 0,087
Kategorie C	Alle anderen Zahlenkarten	

	216)	**217)**	**218)**	**219)**	**220)**
Obere Zahl	240	202	153	169	174
Untere Zahl	0,032	0,011	0,00879	0,067	0,035
Kategorie ?					

	221)	**222)**	**223)**	**224)**	**225)**
Obere Zahl	21	140	178	203	125
Untere Zahl	0,915	0,98	0,044	0,088	0,87
Kategorie ?					

	226)	**227)**	**228)**	**229)**	**230)**
Obere Zahl	164,8	64	2	97	137
Untere Zahl	0,00845	0,0087	0,49	0,97	0,0067
Kategorie ?					

	231)	**232)**	**233)**	**234)**	**235)**
Obere Zahl	150,001	150,5	148	163	228
Untere Zahl	0,00096	0,0088	0,048	0,08	0,54
Kategorie ?					

	236)	**237)**	**238)**	**239)**	**240)**
Obere Zahl	510	15,0	0,151	150,1	154,1
Untere Zahl	–0,87	8,76	0,807	0,009	0,095
Kategorie ?					

	241)	242)	243)	244)	245)
Obere Zahl	150,5	148	163	228	147
Untere Zahl	0,0088	0,048	0,08	0,054	0,0048
Kategorie ?					

	246)	247)	248)	249)	250)
Obere Zahl	87	174	15,0	148,7	0,151
Untere Zahl	149,9	0,089	0,86	0,0086	0,807
Kategorie ?					

	251)	252)	253)	254)	255)
Obere Zahl	150,1	154,1	124	0,987	155,5
Untere Zahl	0,009	0,095	0,064	138	0,099
Kategorie ?					

Lösungen: Konzentration und Merkfähigkeit

1) 2
2) 4
3) 3
4) 3
5) 4
6) 3
7) 3
8) 3
9) 1
10) 3
11) 3
12) 4
13) 3
14) 5
15) 4
16) 5
17) 5
18) 2
19) 1
20) 1
21) 5
22) 3
23) 4
24) 1
25) 5
26) 5
27) 2
28) 4
29) 3
30) 4
31) 5
32) 3
33) 1
34) 1
35) 3
36) 3
37) 3
38) 3
39) 1
40) 2
41) 2
42) 3
43) 2
44) 3
45) 2
46) 3
47) 2
48) 3
49) 1
50) 2
51) 2
52) 3
53) 2
54) 2
55) 1
56) 1
57) 1
58) 1
59) 1
60) 1
61) 1
62) 1
63) 2
64) 1
65) 1
66) 1
67) 1
68) 1
69) 5
70) 1
71) 1
72) 1
73) 2
74) 2
75) 1
76) 3
77) 3
78) 2
79) 1
80) 2
81) 0404
82) 0101
83) 0202
84) 0808
85) 0707
86) 0606
87) 0505
88) 0303
89) 0909
90) 1010

91) 0104	123) D	155) D
92) 0503	124) B	156) 7
93) 0809	125) A	157) 5
94) 0208	126) E	158) 10
95) 0307	127) C	159) 9
96) 0601	128) B	160) 9
97) 0705	129) A	161) 11
98) 0406	130) E	162) 9
99) 0910	131) C	163) 14
100) 1002	132) A	164) 6
101) 0210	133) B	165) 8
102) 0609	134) A	166) 8
103) 0805	135) A	167) 7
104) 0402	136) E	168) 9
105) 0501	137) E	169) 8
106) 0103	138) A	170) 7
107) 0306	139) C	171) 7
108) 0703	140) D	172) 5
109) 0907	141) D	173) 6
110) 1008	142) D	174) 8
111) 0509	143) E	175) 6
112) 0806	144) C	176) 7
113) 0410	145) E	177) 8
114) 0201	146) D	178) 7
115) 0109	147) A	179) 8
116) A	148) D	180) 6
117) C	149) D	181) 8
118) E	150) B	182) 7
119) D	151) B	183) 9
120) D	152) E	184) 10
121) A	153) B	185) 5
122) B	154) A	186) D

187) E
188) B
189) B
190) E
191) B
192) D
193) C
194) A
195) B
196) E
197) C
198) D
199) B
200) B
201) E
202) C
203) B
204) D
205) E
206) B
207) C
208) C
209) E
210) D
211) A
212) D
213) A
214) C
215) E
216) A
217) A
218) A
219) A
220) A
221) B
222) B
223) A
224) C
225) B
226) A
227) C
228) B
229) B
230) C
231) A
232) A
233) C
234) A
235) C
236) A
237) B
238) B
239) A
240) C
241) A
242) C
243) A
244) A
245) C
246) B
247) C
248) B
249) C
250) B
251) A
252) C
253) C
254) B
255) C

„n/m"-Test (Aufgaben 1–40)

Zu 1) m m m ***n*** m m ***n*** m m m m m m m m m m m m m ***2***

Zu 2) m m ***n*** ***n*** m m ***n*** ***n*** m m m m m m m m m m m m ***4***

Zu 3) m m m m m m m ***n*** m ***n*** m ***n*** m m m m m m m m ***3***

Zu 4) m m m m m m m m m m m ***n*** ***n*** ***n*** m m m m m m ***3***

Zu 5) m m m m m m m m m m m m m m ***n*** ***n*** m ***n*** m ***n*** ***4***

Zu 6)	m	m	m	m	m	m	m	m	m	m	*n*	m	m	m	m	*n*	m	*n*	m	m	*3*
Zu 7)	m	m	m	m	m	m	m	m	*n*	m	*n*	m	*n*	m	m	m	m	m	m	m	*3*
Zu 8)	m	m	m	m	m	m	*n*	m	m	*n*	m	m	m	*n*	m	m	m	m	m	m	*3*
Zu 9)	m	*n*	m	m	m	m	m	m	m	m	m	m	m	m	m	m	m	m	m	m	*1*
Zu 10)	m	*n*	m	*n*	m	*n*	m	m	m	m	m	m	m	m	m	m	m	m	m	m	*3*
Zu 11)	m	m	m	m	m	*n*	m	*n*	m	*n*	m	m	m	m	m	m	m	m	m	m	*3*
Zu 12)	m	m	m	m	m	m	m	m	m	*n*	m	m	*n*	*n*	*n*	m	m	m	m	m	*4*
Zu 13)	m	m	m	m	m	m	m	m	m	m	m	m	m	m	m	*n*	*n*	m	*n*	m	*3*
Zu 14)	*n*	m	*n*	*n*	*n*	*n*	m	m	m	m	m	m	m	m	m	m	m	m	m	m	*5*
Zu 15)	m	*n*	*n*	m	m	*n*	*n*	m	m	m	m	m	m	m	m	m	m	m	m	m	*4*
Zu 16)	m	m	m	*n*	*n*	m	*n*	*n*	*n*	m	m	m	m	m	m	m	m	m	m	m	*5*
Zu 17)	*n*	*n*	*n*	m	*n*	m	*n*	m	m	m	m	m	m	m	m	m	m	m	m	m	*5*
Zu 18)	m	*n*	m	m	*n*	m	m	m	m	m	m	m	m	m	m	m	m	m	m	m	*2*
Zu 19)	m	m	*n*	m	m	m	m	m	m	m	m	m	m	m	m	m	m	m	m	m	*1*
Zu 20)	m	m	*n*	m	m	m	m	m	m	m	m	m	m	m	m	m	m	m	m	m	*1*
Zu 21)	m	m	*n*	m	m	*n*	m	m	*n*	m	m	*n*	m	m	m	*n*	m	m	m	m	*5*
Zu 22)	m	m	m	m	m	m	*n*	m	m	*n*	m	m	m	*n*	m	m	m	m	m	m	*3*
Zu 23)	m	m	m	*n*	m	m	m	m	*n*	m	m	m	*n*	m	m	*n*	m	m	m	m	*4*
Zu 24)	m	m	m	m	m	*n*	m	m	m	m	m	m	m	m	m	m	m	m	m	m	*1*
Zu 25)	m	m	*n*	m	m	*n*	m	m	*n*	m	m	m	*n*	m	m	m	m	*n*	m	m	*5*
Zu 26)	m	m	m	m	m	m	m	m	m	m	*n*	m	*n*	m	*n*	*n*	m	*n*	m	m	*5*
Zu 27)	m	m	m	*n*	m	*n*	m	m	m	m	m	m	m	m	m	m	m	m	m	m	*2*
Zu 28)	m	m	m	m	m	*n*	m	*n*	m	*n*	*n*	m	m	m	m	m	m	m	m	m	*4*
Zu 29)	m	m	*n*	*n*	m	*n*	m	m	m	m	m	m	m	m	m	m	m	m	m	m	*3*
Zu 30)	m	m	m	m	*n*	m	m	*n*	m	m	*n*	m	*n*	m	m	m	m	m	m	m	*4*
Zu 31)	m	m	m	m	m	m	m	m	m	m	m	m	m	*n*	m	*n*	m	*n*	*n*	*n*	*5*
Zu 32)	m	m	m	m	m	m	m	m	m	m	m	m	*n*	m	m	*n*	m	m	*n*	m	*3*

Zu 33)	m	m	m	m	m	m	m	m	m	***n***	m	m	m	m	m	m	m	m	m	m	***1***
Zu 34)	m	m	m	m	m	m	m	m	m	***n***	m	m	m	m	m	m	m	m	m	m	***1***
Zu 35)	m	m	m	m	m	m	m	m	m	m	m	m	***n***	***n***	m	m	***n***	m	m	m	***3***
Zu 36)	m	m	m	m	***n***	m	m	m	m	***n***	m	m	m	m	m	***n***	m	m	m	m	***3***
Zu 37)	m	m	***n***	m	***n***	m	***n***	m	m	m	m	m	m	m	m	m	m	m	m	m	***3***
Zu 38)	m	m	m	m	m	m	***n***	m	***n***	m	***n***	m	m	m	m	m	m	m	m	m	***3***
Zu 39)	m	m	m	m	m	m	m	m	m	m	***n***	m	m	m	m	m	m	m	m	m	***1***
Zu 40)	m	m	m	m	m	m	m	***n***	m	***n***	m	m	m	m	m	m	m	m	m	m	***2***

Buchstabenfolgen finden (Aufgaben 41–80)

Zu 41)	D	F	E	***G***	***H***	***I***	M	V	D	S	H	P	J	U	Z	H	O	***I***	***J***	***K***	***2***
Zu 42)	***A***	***B***	***C***	F	H	R	H	Z	G	***G***	***H***	***I***	N	V	M	S	A	***D***	***E***	***F***	***3***
Zu 43)	C	F	R	S	G	***U***	***V***	***W***	J	O	U	***U***	***V***	***W***	T	E	Z	H	Z	K	***2***
Zu 44)	***O***	***P***	***Q***	F	R	H	T	Z	J	***G***	***H***	***I***	B	V	C	***X***	***Y***	***Z***	A	B	***3***
Zu 45)	***D***	***E***	***F***	A	E	G	Q	G	B	Z	R	J	H	***K***	***L***	***M***	O	I	P	K	***2***
Zu 46)	F	A	E	***Q***	***R***	***S***	C	V	G	R	Z	T	***W***	***X***	***Y***	A	***W***	***X***	***Y***	S	***3***
Zu 47)	W	Q	E	D	F	R	W	H	Z	T	***J***	***K***	***L***	P	I	G	***P***	***Q***	***R***	W	***2***
Zu 48)	***Q***	***R***	***S***	A	G	T	R	K	U	T	***O***	***P***	***Q***	S	W	X	V	***F***	***G***	***H***	***3***
Zu 49)	F	R	E	H	G	Z	R	U	P	U	***P***	***Q***	***R***	D	R	G	T	Z	U	P	***1***
Zu 50)	N	K	L	O	U	I	T	F	***T***	***U***	***V***	F	R	D	R	V	G	***T***	***U***	***V***	***2***
Zu 51)	S	D	W	R	T	D	S	W	***C***	***D***	***E***	G	H	R	W	***S***	***T***	***U***	K	L	***2***
Zu 52)	R	H	R	U	L	J	U	I	***P***	***Q***	***R***	T	U	***I***	***J***	***K***	***O***	***P***	***Q***	E	***3***
Zu 53)	Q	W	E	R	Z	U	I	O	***L***	***M***	***N***	E	R	T	G	***D***	***E***	***F***	Q	W	***2***
Zu 54)	R	T	G	J	I	O	L	***K***	***L***	***M***	L	O	P	I	G	A	L	***I***	***J***	***K***	***2***
Zu 55)	F	A	B	I	L	O	T	I	S	A	L	***E***	***F***	***G***	A	S	I	T	O	L	***1***
Zu 56)	E	R	T	I	C	A	N	***I***	***J***	***K***	R	A	S	E	D	A	A	L	D	I	***1***
Zu 57)	H	E	L	I	W	I	U	O	***W***	***X***	***Y***	A	R	A	D	A	R	A	T	O	***1***

Zu 58)	S	E	I	G	N	U	N	G	S	T	E	S	T	F	U	R	A	***X***	***Y***	***Z***	*1*
Zu 59)	E	I	N	S	T	E	L	L	U	N	G	S	T	E	S	T	***D***	***E***	***F***	A	*1*
Zu 60)	P	R	U	E	F	U	N	G	S	F	R	A	G	E	***N***	***O***	***P***	A	Z	B	*1*
Zu 61)	***B***	***C***	***D***	F	E	R	I	E	N	M	A	C	H	T	S	P	A	S	S	I	*1*
Zu 62)	D	A	B	E	I	S	E	I	N	I	***S***	***T***	***U***	N	D	B	L	E	I	B	*1*
Zu 63)	G	U	T	E	N	T	A	***G***	***H***	***I***	S	T	H	I	E	R	E	***I***	***J***	***K***	*2*
Zu 64)	D	A	S	I	S	T	***A***	***B***	***C***	G	A	N	Z	S	C	H	O	E	N	I	*1*
Zu 65)	G	A	S	T	Z	U	S	E	I	N	I	***S***	***T***	***U***	R	A	T	E	N	A	*1*
Zu 66)	K	I	L	O	G	R	S	A	T	U	R	N	E	L	***E***	***F***	***G***	Z	I	P	*1*
Zu 67)	L	A	C	H	E	N	M	A	C	H	T	G	U	***T***	***U***	***V***	T	Q	A	T	*1*
Zu 68)	J	A	D	A	S	M	A	C	H	T	W	I	R	K	L	I	C	***H***	***I***	***J***	*1*
Zu 69)	***D***	***E***	***F***	A	***D***	***E***	***F***	H	W	***K***	***L***	***M***	G	T	***S***	***T***	***U***	***A***	***B***	***C***	*5*
Zu 70)	G	U	T	E	U	E	B	U	N	G	Z	U	***D***	***E***	***F***	T	E	S	T	E	*1*
Zu 71)	B	A	L	L	S	P	I	E	L	E	N	M	A	C	H	***S***	***T***	***U***	S	A	*1*
Zu 72)	D	A	M	I	T	K	E	I	N	E	R	A	U	S	D	***E***	***F***	***G***	A	Q	*1*
Zu 73)	F	F	D	E	H	G	***F***	***G***	***H***	D	E	***J***	***K***	***L***	D	K	Z	T	L	O	*2*
Zu 74)	A	R	H	K	O	D	T	***H***	***I***	***J***	D	W	Q	J	O	Z	***D***	***E***	***F***	W	*2*
Zu 75)	R	T	U	W	F	H	J	O	R	***M***	***N***	***O***	D	J	O	R	T	S	Q	W	*1*
Zu 76)	A	***D***	***E***	***F***	D	G	U	***O***	***P***	***Q***	F	H	W	U	L	***F***	***G***	***H***	Q	W	*3*
Zu 77)	G	R	W	E	R	T	U	B	***P***	***Q***	***R***	A	B	***R***	***S***	***T***	Q	***A***	***B***	***C***	*3*
Zu 78)	B	A	N	A	B	A	K	S	A	N	A	K	I	Z	***A***	***B***	***C***	***R***	***S***	***T***	*2*
Zu 79)	B	E	N	I	S	E	V	I	Y	O	R	M	U	S	U	***N***	***O***	***P***	S	T	*1*
Zu 80)	S	T	R	A	S	S	E	N	S	I	N	***D***	***E***	***F***	R	Z	***T***	***U***	***V***	S	*2*

Codierte Wörter (Aufgaben 81–115)

Zu 81) Wie lautet der Code für die Schule in Karlsruhe? ***0404***

Zu 82) Wie lautet der Code für das Theater in Hannover? ***0101***

Zu 83) Wie lautet der Code für das Schwimmbad in Kassel? *0202*

Zu 84) Wie lautet der Code für die Polizei in Rostock? *0808*

Zu 85) Wie lautet der Code für das Patentamt in Osnabrück? *0707*

Zu 86) Wie lautet der Code für die Universität in München? *0606*

Zu 87) Wie lautet der Code für das Krankenhaus in Aachen? *0505*

Zu 88) Wie lautet der Code für die Stadthalle in Würzburg? *0303*

Zu 89) Wie lautet der Code für die Bundeswehr in Berlin? *0909*

Zu 90) Wie lautet der Code für die Feuerwehr in Potsdam? *1010*

Zu 91) Wie lautet der Code für das Theater in Karlsruhe? *0104*

Zu 92) Wie lautet der Code für das Krankenhaus in Würzburg? *0503*

Zu 93) Wie lautet der Code für die Polizei in Berlin? *0809*

Zu 94) Wie lautet der Code für das Schwimmbad in Rostock? *0208*

Zu 95) Wie lautet der Code für die Stadthalle in Osnabrück? *0307*

Zu 96) Wie lautet der Code für die Universität in Hannover? *0601*

Zu 97) Wie lautet der Code für das Patentamt in Aachen? *0705*

Zu 98) Wie lautet der Code für die Schule in München? *0406*

Zu 99) Wie lautet der Code für die Bundeswehr in Potsdam? *0910*

Zu 100) Wie lautet der Code für die Feuerwehr in Kassel? *1002*

Zu 101) Wie lautet der Code für das Schwimmbad in Potsdam? *0210*

Zu 102) Wie lautet der Code für die Universität in Berlin? *0609*

Zu 103) Wie lautet der Code für die Polizei in Aachen? *0805*

Zu 104) Wie lautet der Code für die Schule in Kassel? *0402*

Zu 105) Wie lautet der Code für das Krankenhaus in Hannover? *0501*

Zu 106) Wie lautet der Code für das Theater in Würzburg? *0103*

Zu 107) Wie lautet der Code für die Stadthalle in München? ***0306***

Zu 108) Wie lautet der Code für das Patentamt in Würzburg? ***0703***

Zu 109) Wie lautet der Code für die Bundeswehr in Osnabrück? ***0907***

Zu 110) Wie lautet der Code für die Feuerwehr in Rostock? ***1008***

Zu 111) Wie lautet der Code für das Krankenhaus in Berlin? ***0509***

Zu 112) Wie lautet der Code für die Polizei in München? ***0806***

Zu 113) Wie lautet der Code für die Schule in Potsdam? ***0410***

Zu 114) Wie lautet der Code für das Schwimmbad in Hannover? ***0201***

Zu 115) Wie lautet der Code für das Theater in Berlin? ***0109***

Dispositionsliste merken (Aufgaben 116–140)

Zu 116) **A.** Beito

Zu 117) **C.** Lamba

Zu 118) **E.** Wila

Zu 119) **D.** Lila

Zu 120) **D.** Fila

Zu 121) **A.** Bamba

Zu 122) **B.** Zahnpasta

Zu 123) **D.** Trikot

Zu 124) **B.** Fußball

Zu 125) **A.** Shampoo

Zu 126) **E.** Parfum

Zu 127) **C.** Löffel

Zu 128) **B.** Fußball

Zu 129) **A.** Zollstock

Zu 130) **E.** Löffel

Zu 131) **C.** Shampoo

Zu 132) **A.** Trikot

Zu 133) **B.** Glas

Zu 134) **A.** Schuhe

Zu 135) **A.** Mitte Januar

Zu 136) **E.** Anfang Januar

Zu 137) **E.** Ende Januar

Zu 138) **A.** Mitte März

Zu 139) **C.** Glas

Zu 140) **D.** Shampoo

Figurenpaare einprägen (Aufgaben 141–155)

Zu 141) D.

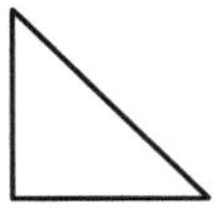

Zu 142) D.

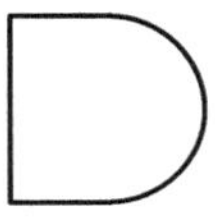

Zu 143) E.

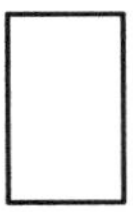

Zu 144) C.

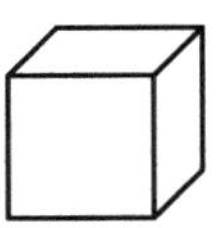

Zu 145) E.

Zu 146) D.

Zu 147) A.

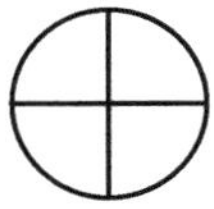

Zu 148) D.

Zu 149) D.

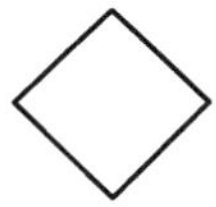

Zu 150) B.

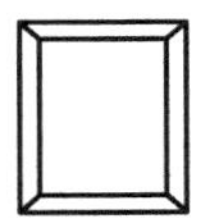

Zu 151) B.

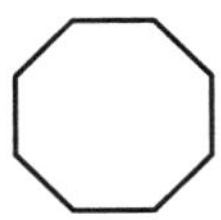

Zu 152) E.

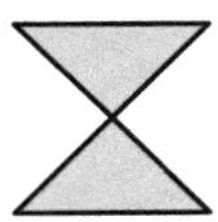

Zu 153) B.

Zu 154) A.

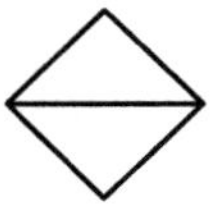

Zu 155) D.

Schlüssel finden (Aufgaben 156–185)

Zu 156)

Zu 157)

Zu 158)

Zu 159)

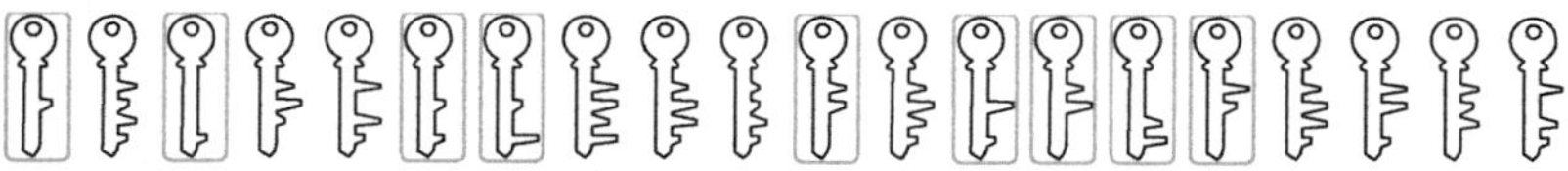

Zu 160)

Zu 161)

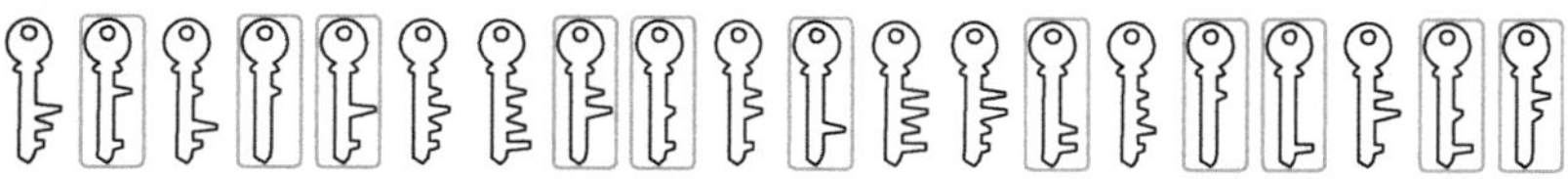

Zu 162)

Zu 163)

Zu 164)

Zu 165)
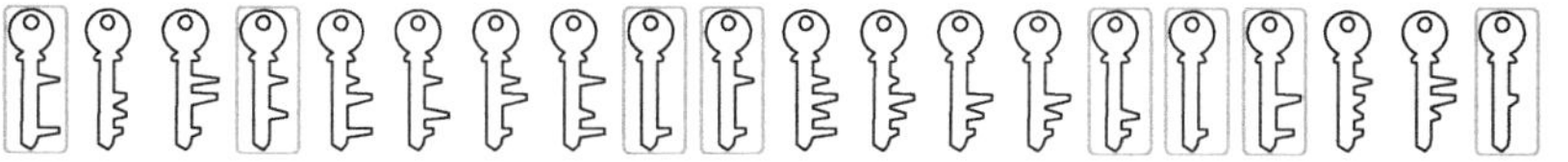

Zu 166)

Zu 167)

Zu 168)

Zu 169)

Zu 170)
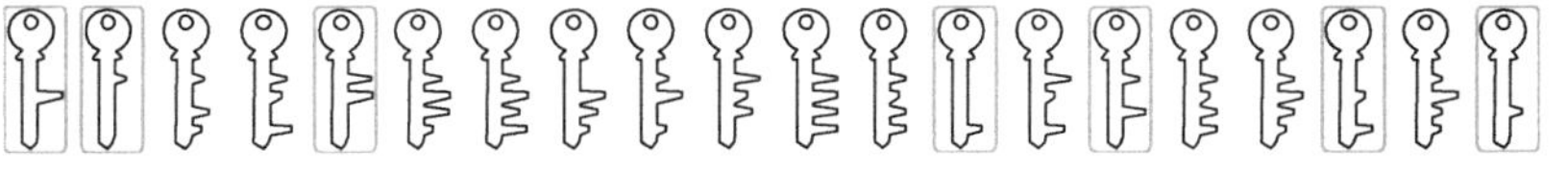

Zu 171)

Zu 172)

Zu 173)

Zu 174)

Zu 175)
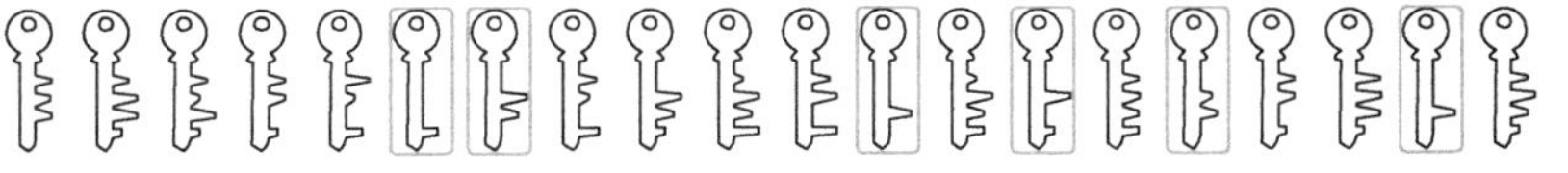

Zu 176)
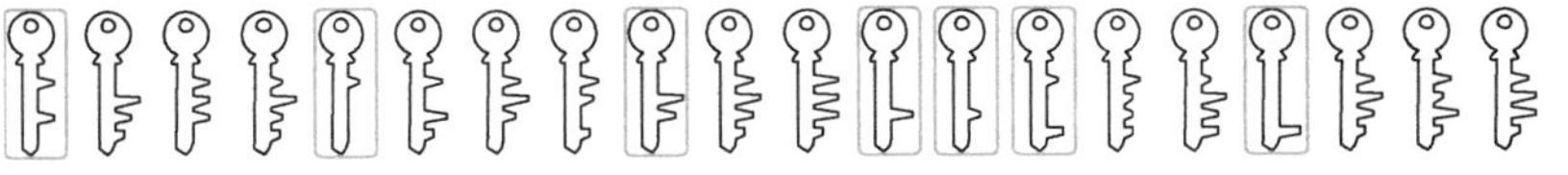

Zu 177)

Zu 178)

Zu 179)

Zu 180)

Zu 181)

Zu 182)

Zu 183)

Zu 184)

Zu 185)

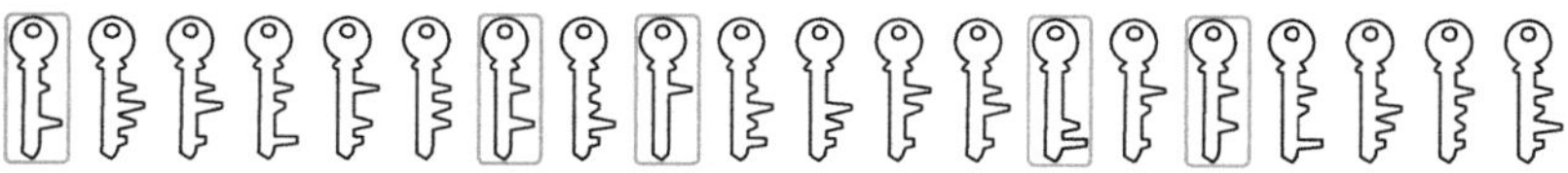

Wortgruppen merken (Aufgaben 186–215)

Zu 186) D. Obstarten

Das gesuchte Wort lautet Quitte und zählt zur Gruppe „Obstarten".

Zu 187) E. Insekten

Das gesuchte Wort lautet Heuschrecke und zählt zur Gruppe „Insekten".

Zu 188) B. Vornamen

Das gesuchte Wort lautet Ines und zählt zur Gruppe „Vorname".

Zu 189) B. Vornamen

Das gesuchte Wort lautet Julia und zählt zur Gruppe „Vorname".

Zu 190) E. Insekten

Das gesuchte Wort lautet Marienkäfer und zählt zur Gruppe „Insekten".

Zu 191) B. Vornamen

Das gesuchte Wort lautet Lisa und zählt zur Gruppe „Vornamen".

Zu 192) D. Obstarten

Das gesuchte Wort lautet Erdbeere und zählt zur Gruppe „Obstarten".

Zu 193) C. Hauptstädte

Das gesuchte Wort lautet Paris und zählt zur Gruppe „Hauptstädte".

Zu 194) A. Sportarten

Das gesuchte Wort lautet Golf und zählt zur Gruppe „Sportarten".

Zu 195) B. Vornamen

Das gesuchte Wort lautet Torsten und zählt zur Gruppe „Vornamen".

Zu 196) E. Z.

Die Sportart, die im Alphabet am weitesten hinten steht, lautet Zehnkampf.

Zu 197) C. C.

Der Vorname, der im Alphabet am weitesten vorne steht, lautet Christian.

Zu 198) D. R.

Die Hauptstadt, die im Alphabet am weitesten hinten steht, lautet Rom.

Zu 199) B. E.

Die Obstart, die im Alphabet am weitesten vorne steht, lautet Erdbeere.

Zu 200) B. Z.

Die Obstart, die im Alphabet am weitesten hinten steht, lautet Zitrone.

Zu 201) E. W.

Das Insekt, das im Alphabet am weitesten hinten steht, lautet Wespe.

Zu 202) C. D.

Die Sportart, die im Alphabet am weitesten vorne steht, lautet Diskuswurf.

Zu 203) B. F.

Das Insekt, das im Alphabet am weitesten vorne steht, lautet Fliege.

Zu 204) D. T.

Der Vorname, der im Alphabet am weitesten hinten steht, lautet Torsten.

Zu 205) E. A.

Die Hauptstadt, die im Alphabet am weitesten hinten vorne, lautet Athen.

Zu 206) B. Vornamen

Das gesuchte Wort lautet Christian und zählt zur Gruppe „Vornamen".

Zu 207) C. Hauptstädte

Das gesuchte Wort lautet Rom und zählt zur Gruppe „Hauptstädte".

Zu 208) **C.** Hauptstädte

Das gesuchte Wort lautet Athen und zählt zur Gruppe „Hauptstädte".

Zu 209) **E.** Insekten

Das gesuchte Wort lautet Fliege und zählt zur Gruppe „Insekten".

Zu 210) **D.** Obstarten

Das gesuchte Wort lautet Kirsche und zählt zur Gruppe „Obstarten".

Zu 211) **A.** Sportarten

Das gesuchte Wort lautet Yoga und zählt zur Gruppe „Sportarten".

Zu 212) **D.** Obstarten

Das gesuchte Wort lautet Nektarine und zählt zur Gruppe „Obstarten".

Zu 213) **A.** Sportarten

Das gesuchte Wort lautet Diskuswurf und zählt zur Gruppe „Sportarten".

Zu 214) **C.** Hauptstädte

Das gesuchte Wort lautet Oslo und zählt zur Gruppe „Hauptstädte".

Zu 215) **E.** Insekten

Das gesuchte Wort lautet Schmetterling und zählt zur Gruppe „Insekten".

Zahlenkarten kategorisieren (Aufgaben 216–255)

	Zu 216)	**Zu 217)**	**Zu 218)**	**Zu 219)**	**Zu 220)**
Obere Zahl	240	202	153	169	174
Untere Zahl	0,032	0,011	0,00879	0,067	0,035
Kategorie:	A	A	A	A	A

	Zu 221)	**Zu 222)**	**Zu 223)**	**Zu 224)**	**Zu 225)**
Obere Zahl	21	140	178	203	125
Untere Zahl	0,915	0,98	0,044	0,088	0,87
Kategorie:	B	B	A	C	B

	Zu 226)	**Zu 227)**	**Zu 228)**	**Zu 229)**	**Zu 230)**
Obere Zahl	164,8	64	2	97	137
Untere Zahl	0,00845	0,0087	0,49	0,97	0,0067
Kategorie:	A	C	B	B	C

	Zu 231)	**Zu 232)**	**Zu 233)**	**Zu 234)**	**Zu 235)**
Obere Zahl	150,001	150,5	148	163	228
Untere Zahl	0,00096	0,0088	0,048	0,08	0,54
Kategorie:	A	A	C	A	C

	Zu 236)	**Zu 237)**	**Zu 238)**	**Zu 239)**	**Zu 240)**
Obere Zahl	510	15,0	0,151	150,1	154,1
Untere Zahl	–0,87	8,76	0,807	0,009	0,095
Kategorie:	A	B	B	A	C

	Zu 241)	**Zu 242)**	**Zu 243)**	**Zu 244)**	**Zu 245)**
Obere Zahl	150,5	148	163	228	147
Untere Zahl	0,0088	0,048	0,08	0,054	0,0048
Kategorie:	A	C	A	A	C

	Zu 246)	**Zu 247)**	**Zu 248)**	**Zu 249)**	**Zu 250)**
Obere Zahl	87	174	15,0	148,7	0,151
Untere Zahl	149,9	0,089	0,86	0,0086	0,807
Kategorie:	B	C	B	C	B

	Zu 251)	**Zu 252)**	**Zu 253)**	**Zu 254)**	**Zu 255)**
Obere Zahl	150,1	154,1	124	0,987	155,5
Untere Zahl	0,009	0,095	0,064	138	0,099
Kategorie:	A	C	C	B	C

Anhang

Tabelle: Maße und Einheiten

Einheit	Einheitenzeichen	Umrechnung
	Länge	
Kilometer	km	1 km = 1.000 m
Meter	m	1 m = 10 dm = 100 cm
Dezimeter	dm	1 dm = 10 cm = 100 mm
Zentimeter	cm	1 cm = 10 mm
Millimeter	mm	1 mm = 1.000 µm
Mikrometer	µm	
	Fläche	
Quadratkilometer	km^2	1 km^2 = 100 ha
Hektar	ha	1 ha = 100 a
Ar	a	1 a = 100 m^2
Quadratmeter	m^2	1 m^2 = 100 dm^2
Quadratdezimeter	dm^2	1 dm^2 = 100 cm^2
Quadratzentimeter	cm^2	1 cm^2 = 100 mm^2
Quadratmillimeter	mm^2	
	Volumen	
Kubikkilometer	km^3	1 km^3 = 1.000.000.000 m^3
Kubikmeter	m^3	1 m^3 = 1.000 dm^3
Kubikdezimeter	dm^3	1 dm^3 = 1.000 cm^3
Kubikzentimeter	cm^3	1 cm^3 = 1.000 mm^3
Kubikmillimeter	mm^3	

Hektoliter	hl	1 hl = 100 l
Liter	l	1 l = 10 dl
Deziliter	dl	1 dl = 10 cl
Zentiliter	cl	1 cl = 10 ml
Milliliter	ml	1 ml = 1.000 µl
Mikroliter	µl	
	Masse	
Tonne	t	1 t = 20 ztr = 1.000 kg
Zentner	ztr	1 ztr = 50 kg
Kilogramm	kg	1 kg = 1.000 g
Pfund	pf	1 pf = 500 g
Gramm	g	1 g = 1.000 mg
Milligramm	mg	1 mg = 1.000 µg
Mikrogramm	µg	
	Zeit	
Jahr	a	1 a = 365 d
Woche	w	1 w = 7 d
Tag	d	1 d = 24 h
Stunde	h	1 h = 60 min
Minute	min	1 min = 60 s
Sekunde	s	1 s = 1.000 ms
Millisekunden	ms	
	Geschwindigkeit	
Kilometer pro Stunde	km/h	1 km/h = 0,2778 m/s
Meter pro Sekunde	m/s	1 m/s = 3,6 km/h

	Kraft	
Newton	N	$1\ N = 1\ kg \times m / s^2$
	Druck	
Bar	bar	1 bar = 100.000 Pa
Pascal	Pa	1 Pa = 0,00001 bar
	Temperatur	
Grad Celsius	°C	$T_{Celsius} = T_{Kelvin} - 273{,}15$
Kelvin	K	$T_{Kelvin} = T_{Celsius} + 273{,}15$

Ausbildungspark Verlag GmbH

Bettinastraße 69 • 63067 Offenbach am Main
Tel. (069) 40 56 49 73 • Fax (069) 43 05 86 02
E-Mail: kontakt@ausbildungspark.com
Internet: www.ausbildungspark.com